压力让我像只发狂的奶牛猫

通过细微的改变
让自己感觉更好

[英]菲妮·科顿（Fearne Cotton）
—— 著

成琳岚 —— 译

中国友谊出版公司

图书在版编目（CIP）数据

压力让我像只发狂的奶牛猫：通过细微的改变让自己感觉更好 /（英）菲妮·科顿著；成琳岚译. -- 北京：中国友谊出版公司, 2025. 5. -- ISBN 978-7-5057-6074-5

Ⅰ. B842.6-49

中国国家版本馆 CIP 数据核字第 2025XH3916 号

著作权合同登记号　图字：01-2024-6067

Copyright © Fearne Cotton, 2024
First published as LITTLE THINGS in 2024 by Vermillion, an imprint of Ebury Publishing.
Ebury Publishing is part of the Penguin Random House group of companies.

书名	压力让我像只发狂的奶牛猫：通过细微的改变让自己感觉更好
作者	[英] 菲妮·科顿
译者	成琳岚
出版	中国友谊出版公司
策划	杭州蓝狮子文化创意股份有限公司
发行	杭州飞阅图书有限公司
经销	新华书店
制版	杭州真凯文化艺术有限公司
印刷	杭州钱江彩色印务有限公司
规格	880毫米×1230毫米　32开 10.25印张　210千字
版次	2025年5月第1版
印次	2025年5月第1次印刷
书号	ISBN 978-7-5057-6074-5
定价	69.00元
地址	北京市朝阳区西坝河南里17号楼
邮编	100028
电话	（010）64678009

致劳拉（Laura），
感谢你向我们展示了真正的坚韧。

前言

在座各位有感到压力大的吗？有的请举手。

我敢保证你们中的大多数人都会举手，或者起码点点头。就算没有，我也几乎可以肯定你在过去的几周或几个月里曾经感受到过压力。毕竟，压力无处不在，存在于生活的方方面面。它就像某种持续不断的暗流，流淌过我们的每一天。有时，压力也会突然被过去的某件事情所触发，形成令人厌烦的背景噪音，抑或是无死角的全身心轰炸，打我们个措手不及。我们全都感受过压力，但没人喜欢它，因为它不仅会在当下刺痛我们，还会对我们的身心健康造成非常真实且持久的影响。

在撰写本书的过程中，我整个人的情绪跌宕起伏，比以往写作任何一本时都要激烈。一开始，那是一种急切的热情与兴奋，毕竟我要探讨的是如此庞大的一个话题。但很快，这种心情就转变为担忧，担心自己无法驾驭。讽刺的是，这种担忧还进一步转化成了压力。那时的我感觉像是走进了死胡同，那也是我距离文思枯竭的瓶颈期最近的一次。还好，这样的困境让我退后一步，开始重新评估自己对压力的反应，并重拾了我的使命。

　　写这本书的目的并非要消除你生活中的所有压力情境，因为通常这是不可能做到的。说来有些无奈，但我们的确在生活的各个方面都承受着压力，无论是在工作中、关系中、财务上、家庭中，还是在处理所有这些问题时。因此，与其消除压力，我反而希望你对压力感到好奇，注意到它想告诉你什么，并关注你该如何应对它。

　　回溯自己那些"压力山大"的时刻，往往是些小事帮助我改变了视角，阻止我被淹没其中。如果摆在面前的解决方案需要颠覆自己的整个过往，我们往往会感到不知所措，更有可能在开始之前就放弃。既然已在忍受压力，我们就别再自找麻烦了。因此我承诺，本书绝不会用那些需要颠覆你整个生活的所谓"高大上"的建议来增加你的负担。我希望我们能温和且缓慢地朝着一些小的改变前行，这些改变将帮助我们更好地理解自己的情感起伏，在面对压力时能够应对自如。书中的小建议源于我自己多年的经验教训以及尝试过的疗法，还有在我的播客平台"Happy Place"上进行的无数次感悟至深的对话。我尽可能多地收集了这些有用的小事，并将它们编织进书页里。

　　本书策划伊始，我的出发点是绘制一张压力详解图。出于对压力触发因素的强烈好奇，我需要与我认识的人进行一些从未有过的对话。那时我才发现，我竟从未问过我的朋友弗兰·布莱克本（Fran

前言

Blackburn），作为一名空乘人员，她是如何应对工作压力的。我也没有问过我的朋友艾比（Abbie），要抚养一个残疾儿子，她是怎么办到的。我甚至都没问过我的妈妈有关她那些因为累积的压力而造成的身体症状。这些对话中的许多内容以及后续的思考都被我保留在了书中。对话的内容与过程不仅有趣，也让我收获颇丰。我采访了家庭背景、生活方式、居住环境及压力触发因素各不相同的朋友和熟人，这些采访经历也帮助我最终确定了该如何划分这本书的内容。

本书中，我要讨论的五类压力情境是：

1 需求：这部分内容将评估我们所要面对的来自他人的、社会的以及我们对自己的要求。

2 健康：这部分内容会探讨压力如何直接影响我们的健康，以及健康问题本身如何引发大量的担忧与压力。

3 控制：无论是通过控制日常生活中的每一步来寻求安慰，还是已经陷入完全失控的状态，两个极端情况都会导致压力的产生。在这一部分中，我们会对控制进行讨论。

4 关系：微妙的职场关系、亲密关系、友谊等人际交往可以让你很快乐，也可能带给你压力，因此我们将深入探讨如何更好地处理这些关系。

5 变化：面临人生的重大变化时，我们往往会感受到巨大的压力。从搬家到应对生离死别，我们的情感反应常常会落在压力上。同时，我们也将探讨当生活陷入停滞，无法前进时，压力又是如何显现的。

目 录

第一章　纾解压力　／ 001

第二章　需求　／ 027

第三章　健康　／ 087

第四章　控制　／ 145

第五章　人际关系　／ 205

第六章　改变　／ 259

第七章　解决方案　／ 303

致谢　／ 311

第一章 纾解压力

现如今，压力问题似乎比以往任何时候都更为普遍。这可能是因为，现在的我们会更加开诚布公地谈论它，并愈发清晰地认识到它造成的后果。也许压力其实一直都很普遍，只不过以前几辈人都不大愿意提及它。或者，我们都想努力跟上现代生活的节奏，可技术的迭代更新、上涨的物价、社会压力以及对承受这些痛苦的人们缺乏支撑与帮助，所有这些让我们比以往更加焦虑了。

将压力正常化既能带来宽慰，也可能引发问题，因此我们亟须在这种矛盾中找到平衡。就个人而言，我喜欢讨论压力。当你"压力山大"而不知所措时，假想别人都能应对自如只会让你感到孤独。但如果我们对此坐视不管，想着人人都和我们一样身处压力之中，我们是不是就更不愿意采取行动，做出一些小改变来帮助自己了呢？所以，我们不应当忽视生活中的压力，同样也不能只是承认它的存在，并觉得自己只能对它逆来顺受。

正如加博尔·马岱（Gabor Maté）医生在他的著作《对正常的迷思》（*The Myth of Normal*）中所说，感受到压力是对现代世界的异状所产生的一种非常正常的情感反应。我们过度依赖科技，面对面的人际连接减少了；我们工作时间更长，却得不到充分的休息；核心家庭结构在整个西方盛行，但社会给到的育儿支持却不足：以前需要一个村庄来抚养孩子，现在大家却指望父母甚至单亲家庭去独自应对。此外，社交媒体的流行也让我们更倾向于与他人进行攀比。以上不过是这几十年来诸多变化中的几个例子，是这些变化提高了我们的总体压力水平。现如今，所有这些新的社会特征已被正常化，但我们还未能找到合适的应对机制来处理它们。

因此，我尝试着写下了这本书，试图汇集尽可能多的支持性想法、工具及应对方法，为你们，也为我自己。我绝不是那种坐在"莲花宝座"上，宣称已经掌握宁静及轻松生活的奥义的人。要是不信，就请打电话给我丈夫吧，他可以证明我天生就不是个内心平静的人。我很容易感受到压力，看法常常消极又悲观，当一切变得无法承受时就会手足无措。今天早上，我丈夫还给我发了一段短视频，视频中的一只猫被另一只猫吓到了，它疯狂地在房间里蹦跶，抓挠窗台，无头苍蝇似的跑。他知道我会对此产生共鸣，事实也的确如此：面对压力时，我经常就像那只发狂的猫。正如你需要这本书一样，我也需要它。

在书中，我不但会探讨大多数人所感受到的日常压力，还会触

第一章 纾解压力

及那些看似巨大且威力持久的压力,这也是写下这本书的初衷之一:在我生命中,曾有过某些压力时刻几乎让我崩溃,而且其影响纠缠至今。当你面对巨大的压力时,我不能保证自己能够帮助你完全消除这些情境,抑或使你的生活从此一帆风顺,但我希望,这本书能在艰难的时刻成为你的依靠与慰藉。这本书是你表达感受、发泄情绪的安全空间,使你得以认识到压力的根源所在。我还希望,它能帮助你在面对压力情境时,不仅可以识别自己的行为模式,还能让你找到那些反复使自己承受压力的主题。

在阅读本书中的采访内容时,有一点很重要:不要因为自己比别人过得轻松而自责。不要与书中的人进行比较。你的压力是合理的,你的挣扎也是如此。这些采访是为了给你带来希望、新点子以及一些安慰。毕竟,我们每个人的压力体验都是不同的:我们的触发点、对压力的反应和一般的应对机制各不相同。请用这本书来更好地了解你自己以及你所面对的压力吧。

另外,我也不想一味地抨击压力,因为有时候,压力其实是对周围环境的一种有益反应。例如,在工作中要对着一群同事讲话前,我们会感到压力,但这种压力会使我们肾上腺素飙升,进而更加专注并最终出色地完成演讲。有时,压力也可以作为警告信号,提示我们该做出改变以摆脱某种境况或让生活转向。其他时候,它还可以让我们停下来,重新评估我们的生活及行为方式。看吧,压力也并不完全是坏事。

在这里，我们欢迎所有的压力。因为我的目标是让我们不再将压力视为敌人，而是更加深入地了解它，并在此过程中享受创意和表达。每当我进行深度心理分析——这种疗法我确实做了很多次——我都会对自己多一分了解。这时，如果心里那个批评的小声音又冒了出来，请对自己说，自我探索或自我反思是放纵而奢侈的，并立刻停止自我批判。你付出的每分每秒和每一分努力都是值得的，请给足自己空间和时间来更好地了解自己吧。起初也许会感到不适，但通过阅读及实践本书的内容，你可能会开始了解自己，并学会如何在面对压力时夺回掌控权。

多年来，我在应对压力方面学到的最富有力量的一点是：我们拥有远超自己想象的选择范畴。虽然这一点不是那么容易做到，但怀有这样的认识就不失为一个很好的开始。当我们感到压力时，我们倾向于做出反应而不是回应。当只是反应时，我们没时间去让自己暂停并进行清晰的思考。情绪和过去的经历影响着我们的反应，使我们经常陷入消极的习惯性行为模式。与此相反的是，我们可以选择去回应。回应需要停下来深思熟虑，需要一瞬间的觉察，以及思考怎样才是更好的选择。

写这本书并不是想要消除所有压力，也不会在你面对伤害时轻飘飘地来一句"放松点"。我相信，本书中所提及的这些"小事"会给你提供一个有用的工具包，以便在压力变得过于沉重时有所依靠。

好了，你准备好深入探讨压力了吗？我保证这一过程会尽可能缓慢而温和地进行。这将是一次有趣且富于探索性的体验，你也许会乐在其中呢。在与我一起了解压力的方方面面的过程中，我很期待书中那些真诚的故事分享能给你带来新的启发，同时也让受压力困扰的你松一口气。

专家如何看待压力

为了仔细深入地探讨压力,让我们先对话几位在此领域深耕多年并取得卓著成绩的专家吧。贾德森·布鲁尔博士(Dr. Judson Brewer)是一名精神科医生、畅销书作家,也是习惯改变及自我掌控科学领域的思想领袖。多年来,他致力于研究我们在压力时期形成的习惯,以及如何利用正念来帮助我们创建新的思维模式和行为。对此,我很想向他了解更多有关我们在经历压力时心理、身体以及情感方面的变化。

与贾德森·布鲁尔博士的谈话

问: 贾德森博士,我们都知道,历史上有过非常艰难的时期,在这些时期,某些群体承受了巨大的压力。您认为,我们现在比以往任何时候都更有压力吗?

贾德森博士: 在现代社会,有许多事情都需要我们操心,我们需要权衡哪些信息对生存有帮助,哪些没有。外界的信息存在虚假和误导,这可能会让我们不知所措。我们的恐惧机制本来是对生存有帮助的,但有时也会变成极其不利的因素。我们的远古祖先可能需要听到栖身之所外灌木丛里发出的沙沙声,进而判断他们是否安全。这时候,信息获取是有帮助的。可你再看看,以如今这世界上铺天盖地的信息量,想要了解各地发生的每一件事就不太明智了。这些负面新闻没什么好处,反而会让我们对未来充满焦虑。这种难以承受的感觉和压力会转化为焦虑,而焦虑又会转化为对未来的恐惧和忧虑。要知道,我们都太习惯于展望未来了。

问：压力和焦虑有什么区别？

贾德森博士： 最大的区别在于，压力有着明确的对象或诱因，而焦虑却不一定有。焦虑是一种对未来的某个事件或某段时间所持有的莫名的紧张感。

问：压力对身体有何影响？

贾德森博士： 这很难量化，但学界的共识是身心相连，压力对身体有着很大影响，同时这种影响也是相互的。如果身体上承压，那么我们就更容易感受到心理上的不适与压力。无论时间长短，压力都会给身体带来明显的影响：它会升高血压，引发心脏问题以及一系列其他问题。身体与心灵之间的相互关系非常重要，对此我们的研究还处于初期阶段，尚不清楚心理压力对身体的影响有多严重，反之亦然。我认为，关于压力如何影响身体的具体细节其实并不重要，知道它不好，这就够了。

问：我们都会在生活中经历压力，但应对方式各不相同。您认为我们的应对机制纯粹是由我们成长的环境及方式决定的吗？

贾德森博士： 我并不认为只是这么简单。当然，成长过程的确会影响我们对压力的反应。耳濡目染，父母的应对方式也会影响我们；但有些人天生心平气和，这可能就和基因有关了，而我们无法控制基因。但请记住重要的一点：我们可以控制自己的想法。这样，我们就可以开始了解，在面对压力时做出反应和做出回应会有什么不同的结果。我们可以训练自己的大脑养成新的习惯，以不同的方式去应对压力。

当我们感到压力时，一种反应便是陷入坏习惯的窠臼。这时我们不会做出最佳选择，而坏习惯往往只是为了获得一种及时的愉悦。那么，我们该如何打破坏习惯，以便在面对压力时做出回应而不是仅仅是反应呢？

我们的研究发现，行为要通过三个步骤来改变。第一步是能够识别自己的惯性行为是什么——当我们转向社交媒体，或是沉溺于酒精，又或是反反复复地忧虑，那些让我们分心又使我们感觉到自己在掌控局面的行为。请识别出这些行为。要知道，如果只是浑浑噩噩地自动做出反应的话，你也许连自己的反应是什么样都不一定清楚。

第二步是破解积习，知晓改变习惯的唯一方法是调整大脑对行为的奖励价值的判定。我们可能会认为，自己一旦发现坏习惯就可以改掉，但事实并非如此。光凭意志力是行不通的，因为这不是我们大脑的运作方式。意志力更像是个传说，而非真正的力量。神经科学告诉我们，大脑想要做有奖励的事情。那么，我们可以问自己一个简单的问题："做这个，我能从中得到什么？"以便搞清楚这事儿的实际奖励价值在哪里。如果没有奖励，我们就会变得心灰意冷，做不下去了。对此，我们曾通过一个应用程序研究暴食者的反应，研究发现，当我们要求参与者主动关注自身体验所带来的奖励价值感时，这个价值感很快就发生了变化。只需要10～15次，胡吃海喝这种体验的奖励价值感就会降到0以下。这不需要很长时间，只需要去有所察觉。对付担忧也是如此：当你开始意识到，担忧对你没有任何帮助，这便是关键的一步。

第三步是对自己的坏习惯保持好奇心。当看到坏习惯无法给自己带来好处时，你必然会感到心灰意冷。这时的你需要一个更好的选择，即对你来说有着内在意义的东西，而不是去找替代品，例如你最好别想拿糖果去替代香烟。对于自己的渴求或冲动，你可以带着好奇心去感受它，而不是对此感到忧心忡忡，而且你基本上可以立刻知道哪种感觉更好。当你对一种感觉或行为感到好奇时，改变的过程几乎是毫不费力的，因为意识会促成这神奇的改变。

问：神经可塑性（即大脑通过学习和其他经验形成新连接的能力）会赋予你强大的力量感，因为每当做出积极的改变，你都会受到鼓舞，然后再次去做。但这个过程是否也必然伴随着某种不适？似乎我们对不适越来越敏感，但我认为必须忍受不适，才能打破坏习惯的循环。贾德森博士，您觉得这个说法对吗？

贾德森博士：我同意你的说法。我认为在当今世界，大家都越来越习惯于这样一种叙述，即我们必须和不舒服说"不"。一旦不舒服，就得赶紧吃片药，或者找个分心的事去做，等等。即使在开车等绿灯时，你也会看到人们的腿上在发光，因为哪怕是3秒钟的等待他们也无法忍受，会马上低下头看看手机。这就是我们现在所缺乏的对困扰的容忍度。而这种情况正在被传给孩子们，这不是好事。

曾经有个病人告诉我，如果不赶紧抽根烟，他的头就会爆炸。我用白板和记号笔画了一幅图去描述他的感受。

图中展示了他的渴望是如何增长、达到顶峰然后再回落的。病人看着图，意识到在渴望的顶峰时，他就会抽烟，但其实他不需要这么做，因为渴望会在抵达顶峰后自然地降下去。他不过是从未等待足够长的时间去发现这一点而已。

问：正念对减压有什么帮助吗？

贾德森博士：简单来说，如果看过我们刚才讨论的三个步骤，你就会知道正念的作用。我认为，正念就是意识，是伴随着好奇心的意识。你必须意识到自己是否处在惯性循环中，当然，这种循环带来的结果你已经很清楚了，但你还必须对这种意识本身抱有好奇。好奇心可以让人安之若素，而不是一直瞎忙。

问：似乎我们需要看到短期的不适可以阻止我们经历长期的痛苦和更多的压力，是这样吗？

贾德森博士：是的，但我必须提到一个所谓延迟折扣（delay discounting）的概念。长期危害离我们越远，我们越不可能为之采取行动。如果它太过遥远而无法成为驱动力，那么我们就不会采取行动去阻止它。比起长远的担忧，当下的渴望更为强烈。这就是为什么我们必须及时应对现在的行为，而不是寄希望于未来。这是我们创造积极变化的方式。

问：冥想是您生活的重要组成部分，众所周知，它有助于减轻压力。那它是如何帮助我们的呢？

贾德森博士： 我认为，冥想本身有助于我们辟出一个专门的时间，去训练自己了解自身的思想运作方式。借助冥想，我们可以开始注意到自己在压力下的行为，忽视周遭的噪声，以便更清楚地内观。这是一种帮助我们提高自我觉察的很有效的办法。而且一般来说，非正式练习与冥想同样奏效。任何能激发你好奇心的事物都可以，你甚至可以只拿出几分钟的时间去关注你的周围环境，不过，这需要每天多次练习才行。

问：我想冥想还会带来其他好处，比如让我们感受到惊奇。由于我们总是匆忙奔波，不断陷入习惯循环，有时我们会忘了这种让人震撼的体验。

> **贾德森博士：**是的，我喜欢把惊奇视为一种开放的感受，而压力和焦虑会让人感到封闭。你不可能同时既封闭又开放，两者是二元对立的。因此，去寻找能让你感到开阔的事物吧，这样在艰难的时候，你就不太可能感到压力重重。

撰写本书的一个主要目标，就是探讨压力与焦虑之间的区别。生活中，我有时很难看清压力结束与焦虑开始的界限，因为它们看起来似乎密不可分。贾德森博士的解释解开了这层心理迷雾，让我们能够区分两者。一起来回顾一下：压力有着明确的诱因，而焦虑则没有。具体来说，这意味着当我们感到压力时，我们可以清楚地注意到引发情绪的情境、人物或问题，而焦虑的触发因素却可能是无凭无据的，与某个具体且紧迫的原因无关。了解这一点，使得我们更容易找到那些能帮助减轻两者的小事。如果我们知道了压力产生的原因，就可以剖析它，对情况或我们的反应做出改变。我们可能会留意到焦虑随之有所减轻，也可能会更清晰地了解到自己倍感焦虑的缘由。

我很喜欢贾德森博士提到的那种开放感。也许当你看着波涛起伏的大海，或是仰望夜空中的繁星时有过这种体验，这种感觉肯定比封闭与受限要好很多。想一想让你产生这种感觉的事物。当想到难以承受的事情、流言蜚语和不友善时,我就会感到封闭。这是区分好奇心和压力的一种明确方式。好奇心是一种开放的态度,一种探索的愿望,而压力则是条死胡同,几乎没有腾挪的空间。此外,这也是关照我们身体感受的好机会:当感到开放时,我感到自己的身体放松、舒适并且充满活力;而当感到封闭时,我的身体也感到紧张、不适、昏昏沉沉。

今明两天有空的话,请回到这一页,记下你感到封闭和开放的次数。写下是什么原因让你有了这两种感觉。

开放	封闭
....	....
....	....
....	....
....	....
....	....
....	....
....	....
....	....
....	....

与欧文·奥凯恩（Owen O'Kane）的谈话

我的好朋友欧文·奥凯恩可是应对压力的一把好手。作为一名心理治疗师、演讲者和畅销书《十分钟禅》（*Ten to Zen*）及《如何成为自己的治疗师》（*How to Be Your Own Therapist*）的作者，他在这个话题上有很多经验可以和大家分享。我不仅与欧文有过专业的工作上的合作，也曾与他一起探讨我自己的思维模式及应对压力的方式。从欧文那里学到的东西改变了我的生活，让我内心更为平静，因此我非常希望他能在这里分享一些建议。

问：欧文，你在患者的压力来源中看到过一些共性模式吗？是否有一些普遍存在的原因呢？

欧文： 尽管人们的故事各有不同，但我确实看到，其中有些主题是共通的，主导了压力来源。并且我认为它们是普遍存在的，尤其在西方社会。

在面对日常生活中的无常以及不可预测性时，人们普遍会感到煎熬。如果焦虑来自无法容忍的不确定性，那么我们就会是一个焦虑以及压力重重的人。不过，我并不喜欢用诊断病情的方式来给这种情况贴标签，我更愿意从人性的角度来看待这一问题：毕竟作为人类，我们难免会遇到挑战和困难，这很正常。

1. 许多人被生活中的诸多需求压得喘不过气来，无法很好地去平衡和应对。
2. 我们生活在一个日益繁忙、嘈杂、污染、分裂、受威胁、不满、虚拟和断联的世界。这些都正在制造一种不稳定的体验。
3. 人类大脑天生就对威胁保持警觉，这是压力积极的一面。尽管如此，大脑无法一直保持高度警戒，但许多人却经常处于这种状态。

问：你认为我们是否普遍低估了压力对身体的影响？

欧文： 毫无疑问，答案是肯定的。神经科学、现代医学和心理学都在说长期或慢性的压力对身体健康有害。我们不能将心灵和身体分开，它们是相互关联的。两者之间一直是相互影响的。如果心灵枯竭或难以正常运作，它会被清楚地传达给身体。因此，极度紧张的心灵会通过疾病在身体上反映出来。

我认为，这是一种试图迫使人们停下来、放慢脚步或重新调节的自然方式。心灵和身体始终在努力寻找着平衡与和谐。当然，在生病或身体健康被忽视的时期，身体也会以同样的方式与心灵沟通。两者之间存在不断的反馈循环。学会倾听以及协调两者是至关重要的。

问：为什么有些人能更好地应对压力？

欧文： 一些传统研究认为，两种不同的人格类型和是否对压力"应对良好"有关：A型人格和B型人格，A型人格的人比B型人格更容易产生压力。虽然有些道理，但我并不完全同意这样的说法。

我认为，为什么有些人更会应对压力，其原因更加多样和复杂。根据我的经验，这从来都不会源自单一的因素。每个人都有自己的故事，这个故事可能包含着逆境、创伤、贫困、家庭功能障碍、犯罪等负面信息。另外，一个人应对压力的能力也并非线性的，它可能在生活中的某些时期发生变化，例如在经历丧亲、失去重要东西或任何重大转变期间。

我认为，我们需要更多地关注和研究"如何"帮助人们应对压力，而不是去找"为什么"他们难以应对。人类不是非黑即白的，对"为什么"这一问题，我们永远无法得到一个明确的答案，但我们可以在帮助人们前进的过程中找到突破的方法。

问：你认为压力和焦虑有什么区别？

欧文：对我来说，这两者就是一回事，就像老话说"各有各的说法"。有时这只是语言学上的问题。

根据《精神疾病诊断与统计手册》（简称DSM，美国使用的主要精神疾病指南）指南，压力本身并不被认定为精神健康障碍。不过，与创伤事件后的特定恐惧行为有关的急性应激障碍（Acute Stress Disorder）被认定为是。

焦虑障碍可以分为几种，例如广泛性焦虑、社交焦虑、健康焦虑、强迫症等。

我认为我们需要少着眼于往人们身上贴上"障碍"等病理化标签。如果你感到压力或焦虑，这并不意味着你有障碍。同样，我认为无论压力是否导致焦虑，这都不重要。我关心的是人类普遍存在的困扰。

作为人类，意味着我们都会有艰难的时候。人类的心灵有时会过度努力，进入一种过度警觉的保护状态。是的，它是在试图帮助和保护我们！当意识到这一点时，我们便可以开始与心灵协商，学习如何平静内心的噪音，使其更好地运作。这其实很简单，但我也明白并理解这需要时间和练习。

问：压力能教会我们什么？

欧文： 我认为压力给出的信息很明确，不需要将其过度复杂化。压力是内在心灵的晴雨表，它在告诉你你现在的状态不好。每个人都有责任听取这个信息，并找到属于自己的回归之路。有时这需要支持和帮助，但总归有办法。

以下便是我认为在看待压力时需要牢记的一些事项：

- 明白自我同情与压力之间的联系。我们如何对待自己，以及如何与自己对话非常重要。如果你的自我对话中充满了不友善或批判，那么任何减压的方法都不会奏效。
- 当你将压力视为盟友而不是敌人时，一切都会改变。

❋ 应对压力时，不要忽视或排除饮食方式、生活方式、食物和日常边界这些方面。它们是健康的基础。

❋ 在压力时期与他人保持联系是必须的。孤独和断联会加剧压力。

正如欧文所说，当我们精神压力大时，身体通常会做出反应，我们将在本书"健康"这一章进一步探讨这一点。对于学会倾听自己的身体，并将压力视为失衡的指示，我很赞同。同时，我也很高兴欧文提到了与自己进行友善对话的重要性。负面的自我对话是大多数人的坏习惯，但我们往往意识不到它的破坏性有多大。当对本书中的不同主题进行练习时，请记住你对自己使用的语气。你是否是对自己最严苛的那个人？我们探索压力时，请时刻回忆这些问题。

你的压力档案

是时候看看到底是什么让你感到压力难以承受。

写下所有当前让你感到有压力的事情,无论长短。请尽情书写,这是你的个人空间。

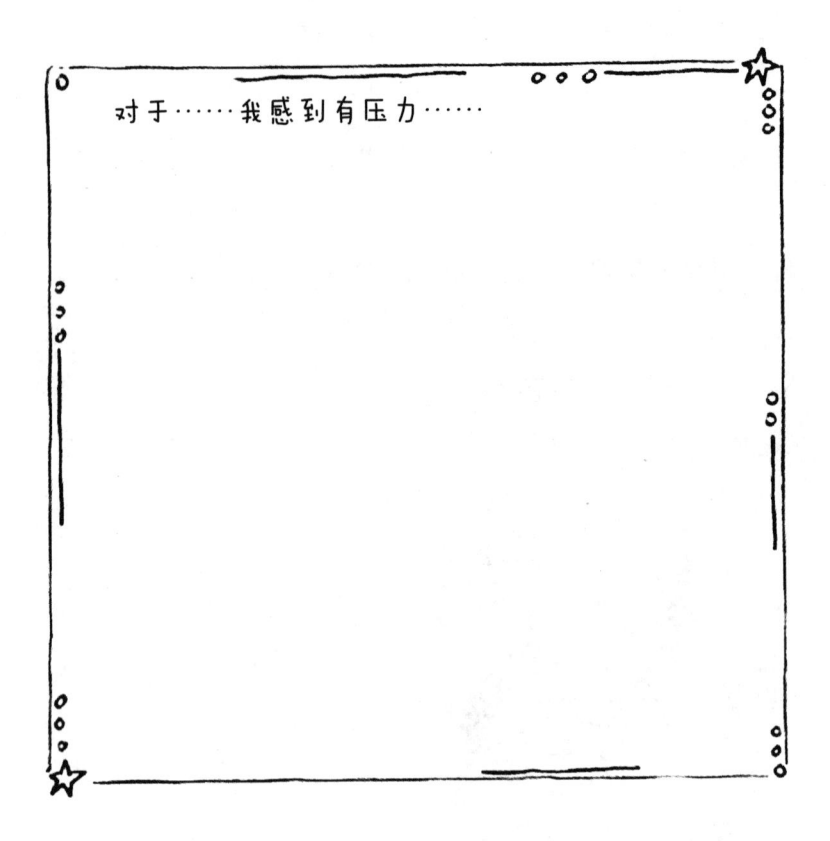

对于……我感到有压力……

现在，让我们更深入地探究一下还有哪些其他情况。对于你列出的每一个带给你压力的情境、人物或记忆，坐下来思考一下，你认为自己对压力做出的是反应还是回应？这些压力触发因素是否让你陷入某种习惯性的行为方式中？你是否习惯责怪别人？或是责备自己？想要逃避吗？酗酒吗？这里没有评判对错的意思，毕竟我们都有自己的一套应对机制。本书的这部分就是想创造一个机会，去评估我们当前的应对机制是否真的有效。

你是如何应对压力的？

这个练习并不容易，因为我们必须对自己非常诚实，并承认有时我们就是习惯的奴隶。承认自己面对压力时的反应可能会让你感到渺小、害怕和羞愧，但这都很正常。我不会允许你在这个阶段陷入自我厌恶，想都别想，因为评判自己对你没有任何帮助。要知道，我们都面临同样的问题。准备好了就请看看，你当前的应对机制是否真的有效。如果有效，那很好。如果无效，就让我们一起做出些小小的改变吧。

第二章　需求

生活中充斥着各种各样的需求，而且我们往往无法对其视而不见：它们来自家庭、工作、社交圈、宠物或是需要关心的人，让我们忙得不可开交。有些需求很不起眼，但早已成了我们的日常，融进每天生活的节奏中。有些需求则令人十分愉快，因为在帮助他人或为他人服务时，我们会感到振奋。可有些需求却让人感到精疲力竭、难以应对，压力极大。在这些需求中，有许多是我们难以回避的，比如因为照顾生病的父母而压力过大濒临崩溃，但你无法说放下就放下；或者照顾自家小孩让你感到超负荷，你也无法简单地撂挑子不管。

本章的目的并不是要我们摆脱所有责任，而是想找到方法减轻我们对生活中压力的反应，规划应对的策略来帮助我们度过忙碌而紧张的时期。当我们能意识到压力的感受是怎样的，会怎样影响我们的身体以及该如何回应它时，我们便可以发现自己的压力模式，然后做出适宜的决定。

我曾浪费许多时间寄希望于生活中的某些事情能够变得更加容易轻松，却没注意到从这些挑战中自己获得了什么，以及跨越困难后的我变得多么的坚韧。如果放下所有的需求，便可以享受纯粹的舒适与轻松的生活，但考虑到上面这一点，本章中我不会给出这样的建议，而是希望你看看自己能够从挑战中学到什么。

第二章 需求

心力交瘁

随着年龄与生活方式的变化，我们在人生的不同阶段所要承担的内容也会有所不同。当成为继母时，我发现自己的生活发生了巨大变化：因为我不仅需要处理工作任务，还要面对家庭的责任。29岁时，我成了阿瑟（Arthur）和萝拉（Lola）的继母，31岁时生下了雷克斯（Rex），32岁结婚，34岁又生下了哈妮（Honey）。这些都是我人生中的宝贵时刻，我非常感恩，但由于害怕被人评判，我很少公开谈论这些快乐背后的负担。无论是成为父母，还是生活中有了爱人的陪伴，都意味着必须有意识地分出时间和精力并选择去照顾他人。但许多有孩子或伴侣的人却觉得不能谈论自己感受到的压力，因为有种观念横亘其中，那便是你应该只抱有感恩之心。在这本书里，我不会对此说三道四，我也没有时间去内疚或担心别人会怎么想。我们不能仅仅因为某些外部条件的达成就将自己的幸福搁置一旁，认为应该感到知足了。生活中的某些部分的确既美好又令人满足，但它仍然会让人感受到压力。别再害怕承认这一点，如果有压力，就让我们谈论它，研究它，并相互帮助吧。

在生活稳步前进的同时，我的事业也取得了始料未及的成绩与拓展，这不光令人欣喜，也给我带来了许多挑战。虽然我承诺过在这本书里不会有任何评判的内容，但我还是想说：我热爱我的工作，我常感觉自己幸运指数爆表，才能从事这份工作并从中表达自己。能够写

031

书、采访杰出的人物并举办节日活动，我感到非常荣幸。但在大多数工作中，压力是不可避免的，即使是非常令人愉快的工作也不例外。我的工作性质是面向大众的，而且往往需要多线程同时推进，这导致任务增加。虽然面对这种压力我乐在其中，但要是没有好好照顾自己，我也会出现失眠和身体上的不适。

当缺乏足够的心力去注意生活中的各种需求所带来的压力时，我们最终是会被压垮的。过去三四年的时间里，我发现自己的压力有某种周期性。通常来说，刚开始只是有点不安全感，觉得自己做得还不够多，随后我便会逐渐堆积起工作项目，主动帮学校组织活动，并答应所有的社交邀约，直到最终被压垮。这个循环太熟悉了，但我还没有找到方法去打破它。当感到不堪重负时，恐慌就会席卷而来。相对于冷静地告诉周围的人自己无法兑现所有承诺，更多时候我都只会感到害怕，害怕自己会被憎恨和拒绝，于是继续把自己逼到精疲力竭为止。

第二章 需求

如果用1~10分来代表压力的严重程度的话,你此刻的压力有多少分?

即便知道可能会不堪重负,你是否还是经常答应做更多以及去帮更多的忙?

你的压力是周期性的吗?还是在某段特定时间或心情/健康状况有变化时更容易感到压力的存在?

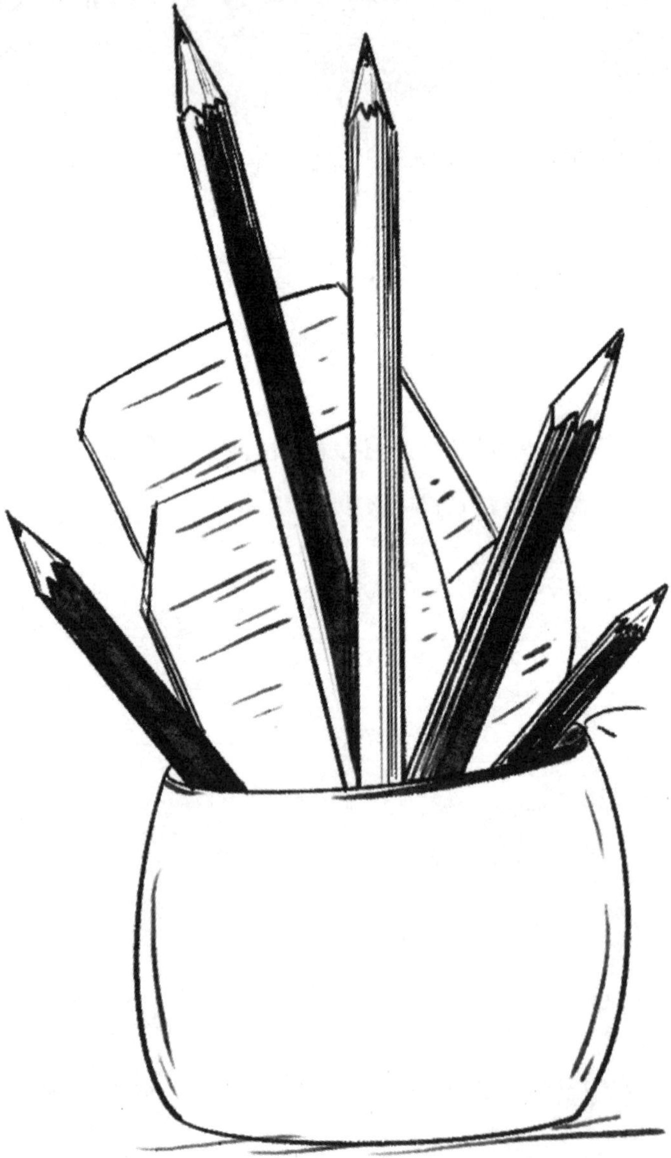

帮助缓解心力交瘁的小事

❀ 当我感到不堪重负时，我就会出去散步。穿上运动鞋，耳机里播放着轻柔的音乐，然后开始走路。往前走的这个动作会让我感觉像是在卸下某些情绪包袱。

❀ 我最近对声音疗法非常感兴趣，发现它具有极强的宣泄作用。无论是在锻炼期间还是独自在家时，我都会用声音来释放身体中的紧张情绪。我会在呼气时大声喊叫，将愤怒、压力和积压的焦虑情绪从体内释放出来。这对你的喉咙也有好处。由于多年来压力的积累，我的喉咙出现了问题，喉咙总是发紧，最糟糕时甚至长了喉囊肿，这对我的工作很不友好，因此我经常使用声音疗法来让自己的喉咙好受点。刚开始这样做可能会觉得有点不好意思，但一旦进入状态并感受到它的好处，就不会再有顾忌了。这不需要过度分析出现的情绪，只需发出声音就好。声音是种能量，所以大声喊叫实际上是在帮助滞留的能量流动。啊啊啊啊啊！！

❀ 抖动身体是另一种释放身体压力的神奇办法。动物在遭遇压力事件后就会这样做。没什么特定形式，只需摇晃全身，或是专注于你觉得需要释放紧张的部位即可。可以伴随音乐，也可以安静地进行。

❀ 给自己一个拥抱吧。实际上，这是个瑜伽动作，也是我最喜欢的动作之一。双臂环抱，搂住自己的身体。这不仅能很好地伸展身体，还能向大脑发出信号，让你知道自己是安全的。当你需要一个温暖的拥抱时，别忘了自己给自己一个。

※ **呼吸**。显而易见，这是我们整天都在做的事情。但我发现，如果把注意力集中在呼吸上，我的身体反应会很好。我的心脏不再狂跳，肌肉不再紧张，思绪也慢了下来。如果数数呼吸有助于保持注意力，你就数呼吸，或是想象自己的肺部吸满空气然后再次放空也可以。我们的"Happy Place"应用程序上有许多很棒的呼吸练习，你可以去看看。在应对压力之前，永远记得：先呼吸。

不仅如此，你还需留意的是，你到底承担了多少事情。如果为了自己的身心健康而需要让某人失望，那就坦诚地告诉他。如果他是你的好朋友，他会理解的。尝试将任务分配出去，或者将不太重要的需求留到以后再处理，这样就能在一天中找到点儿空闲时间来做上述练习。如果你是个很难说"不"的人，我将在本书的后续章节深入阐述如何设定边界的问题。

关于自我关怀的一个小提醒

"自我关怀"是个快被用烂了的词,时常出没于各种网络段子和抖音视频。虽然在传播中几乎已经失去了其原有的意义,但"自我关怀"依旧是一个重要的话题:如果我们不照顾好自己,就无法照顾好他人;如果我们不给自己爱和时间,就无法给予他人同样的关爱和时间。这样的照料不需要多高的规格,也不需要特别奢侈和耗时,但它确实会带来极大的不同。

你还记得上次只为自己享受而做的事情是什么时候吗?比如洗了个热水澡、在公园里散步,或是穿着睡衣看了场你最喜欢的电影?

....

....

如果很难记起上次让自己享受了什么美好的事情,那么现在机会来了。我非常乐意催促你尽快抽出时间去呵护一下自己。我也需要经常鼓励自己才会去做,不过,每次做完都让我感觉很好,不再那么疲惫和紧张了。

压力

青少年时期，考试可能是我们第一次真正尝到来自生活的需求压力。而作为青少年的父母，看着孩子背负压力自己却爱莫能助，心里自然不好受。在撰写本书时，我的继子刚刚大学毕业，而我的继女正在参加高考，这些都是他们人生中非常重要的时刻。多年来，我在学校里就这个主题进行了多次演讲，不厌其烦地提醒学生和家长们，考试成绩不理想并不是世界末日。

"一考定终身"这种想法一直根植在大多数人心里。虽然好成绩确实能带来某些机会，但我认为，让自己在特殊的某几天背上巨大的压力，一定要博得一个好结果的想法并没有多大好处。我们似乎把取得好成绩以确保"好工作"与未来的幸福感混为一谈了。如果你通过了所有考试，这可能会带来工作机会，但这并不保证幸福。同样，如果你考试不及格或成绩低于预期，你的长期幸福感也不会受到影响。当然，结果本身是令人失望的，你为此可能需要改变自己的计划，但要知道，这并不是人生的终点。总有其他选择和机会可以考虑，有时直接参加工作也有许多好处，就和上大学一样。就算是申请实习并在你选定的行业中建立起有价值的联系，也会对你未来的选择产生重大影响。

记住，考试成绩不会影响你的长期幸福，虽然这无法完全消除压力，但起码会稍微减轻一些。我采访过无数人，他们在考试失败或过早离开学校后都找到了热爱并令自己茁壮成长的事业。我的好朋友

第二章 需求

伊丽莎白·戴（Elizabeth Day）在她的播客"失败的艺术"（How to Fail）中就很好地普及了一下"失败的好处"。一起来听听那些鼓舞人心的故事吧。

你从失败中学到了什么？你能回想起有哪件事情未能按计划进行吗？你从那次经历中学到了什么？

……………………………………………………………………………………
……………………………………………………………………………………
……………………………………………………………………………………
……………………………………………………………………………………

如果你或你的孩子因为复习或考试而感到有压力，你能列出一件今天可以做的事情来帮助减轻压力吗？

……………………………………………………………………………………
……………………………………………………………………………………
……………………………………………………………………………………
……………………………………………………………………………………
……………………………………………………………………………………

> **关于神经特质多元的一个小提醒**
>
> 如果你是一个神经特质多元者，或者你的孩子是，那么你的担忧或困扰可能会更复杂，需求也更沉重，伴随的压力就会更大。要应对这样的情况，更需要你跳出思维定式，充分发挥自己的长处，不管这些长处会以什么形式呈现出来。我曾采访过许多患有注意缺陷多动障碍（ADHD）、自闭症谱系障碍（ASD）、强迫症（OCD）和阅读障碍（dyslexia）的人，通过讨论他们的人生道路，以及他们如何利用自己的神经特质来获取成功，我学到了很多。我自己的生活中也存在神经特质多元者，同样让我获益匪浅。对神经特质了解越多，就越能理解其症状所具备的优势与卓越之处，而不是将其视为障碍或问题。

减轻压力的小妙招

❋ **为自己制定一个工作计划表。**可以是用颜色来划分的清单、便签或电子表格。
❋ **与孩子一起出去散个步**,以便在复习的间隙辟出短暂的休息时间。即使是20分钟的散步也能帮助重新调节神经系统,让你们都感觉到压力被舒缓,身体不再那么紧张。
❋ **早起一个小时,提早结束复习。**当一天结束时,若有时间进行适当的放松,有助于更好地入睡及减轻压力。

能够帮助减轻压力的,往往是那些微小的、逐渐的进步,而不是巨大的改变。请记住这些"小事"。

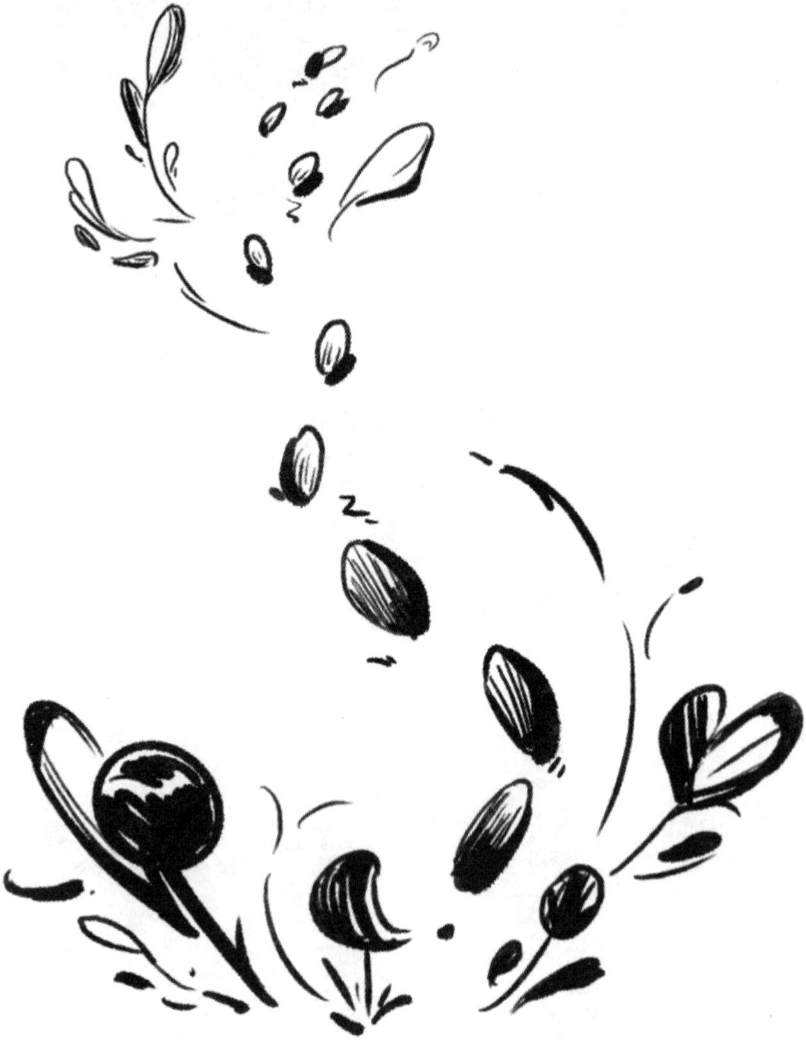

视角

几年前，我去采访了我最喜欢的作家之一，伊丽莎白·吉尔伯特（Elizabeth Gilbert）。就在访谈前不久，她刚刚经历了失去伴侣的痛苦——她的伴侣瑞亚（Rayya）因癌症去世了。我们谈到了丧亲之痛和心碎的感受，也谈到了她在那段时间里视角的巨大转变。有一次，当她坐在瑞亚的病床旁，她的收件箱让她幡然醒悟。知道深爱的人即将离开人世，伊丽莎白意识到，他们的关系比起自己日常绝大多数的担忧重要得多。她拿出手机，看着平时让自己头痛不已的收件箱，里面快被挤爆了，堆满了她认识的、不太熟悉的和完全陌生的人的邮件，她把它们全删了。这个举动看起来有些极端，你也许不准备效仿，但它确实向我们展示出一点：我们完全可以重新定义何为压力，以及为什么会有这些压力。

你能回想起某个充满压力的时刻，使你的优先事项和视角发生变化了吗？

....

....

....

....

帮助转换视角的小窍门

当难以转换视角时,我喜欢做一个我称之为"拉远镜头"的练习。想象自己坐在家里的沙发上,有架小型无人机摄像头正对准我,然后镜头开始逐渐拉远:我的房子逐渐变成我所在小镇的一个小点,再拉远到整个英国,到蓝色的海洋,再到整个地球,渐渐地,地球也变成宇宙中的一粒微尘,再远些,直至我们的银河系成为一个光之旋涡。

没有回复某人的邮件真的那么重要吗?忘记给儿子打包运动装备就不得了了吗?5天没洗头,晚餐只吃了点麦片又能怎样呢?当我把自己拉远到极致时,这些小小的压力和担忧看起来就更加微不足道了。

第二章 需求

一次只做一件事

　　我时常想到伊丽莎白·吉尔伯特和她的空收件箱，因为对我来说，一连串未回复的信息是相当令人有压力的。只消看一眼收件箱，我肩胛骨周围的肌肉就会紧张起来，颌骨也绷成了块石头。其实仔细想想，从收件箱中感受到的压力是积累起来的：单看每封邮件都可以处理，其内容看起来不需要费多大劲儿，但成堆的邮件却让我感到吃力，更何况生活中还有其他压力。当我既要为孩子做饭，收拾厨房，回复朋友的短信，还要操心这些邮件时，我真的要疯了。这时的我无法理性思考，会变得易怒和暴躁。可是，丈夫和孩子们不应成为我的发泄桶，因此我会试图将待处理事件分门别类，搁置那些优先级较低的需求。如果当天没有及时回复邮件，这世界就完蛋了吗？我不信。

处理混乱状况时的小妙招

下面，列出自己当前肩负的任务，按紧急程度排序。1号是你的最优先事项，依次向下排到10号，也即单子中最不重要的事。今天就当给自己一个喘息的机会吧，不要费心处理5号之后的任何事了。

1. _____
2. _____
3. _____
4. _____
5. _____
6. _____
7. _____
8. _____
9. _____
10. _____

边界

我们不是超人,不可能在一天内完成清单上的所有事项。而且,有时我们不得不让别人失望:也许是答应了朋友的社交活动,或承诺会给予帮助的工作项目,但现在却感觉无力完成。大多数时候,我都会努力遵守承诺,但如果压力水平变得很高,生活事务让我感到不堪重负,这时候的我会诚实地面对,并希望得到他人的理解。设定边界是减少压力的关键。首先,我们需要清楚地了解自己能承受多少。你是否已经自顾不暇,还是有余力帮助他人并满足他人的需求呢?只有你知道这个答案,以及你真正想帮助的人是谁。一旦你意识到自己分身乏术,就少与那些让你感到疲惫的人打交道,并对那些你既没时间也没精力提供帮助的人说"不"吧。如果你恰好在英国生活过,你就会知道,无论大小事情,说声道歉太自然了。英国人经常把道歉的话挂在嘴边。但设定边界时,至关重要的就是不要过度解释或过多道歉。每当设定边界时,我都必须提醒自己这一点。我常常在发送前反复重写短信和电子邮件,就是为了删除多次出现的"对不起"。一个坚定、简短的答案就足够了。下面,写下你想在生活中与某人设定的边界。如果发现过度解释,请划掉你的陈述或请求,重新开始。根据自己的需要尽可能多地练习。如果接下来要直接与他人对话,你也可以先自己大声练习。

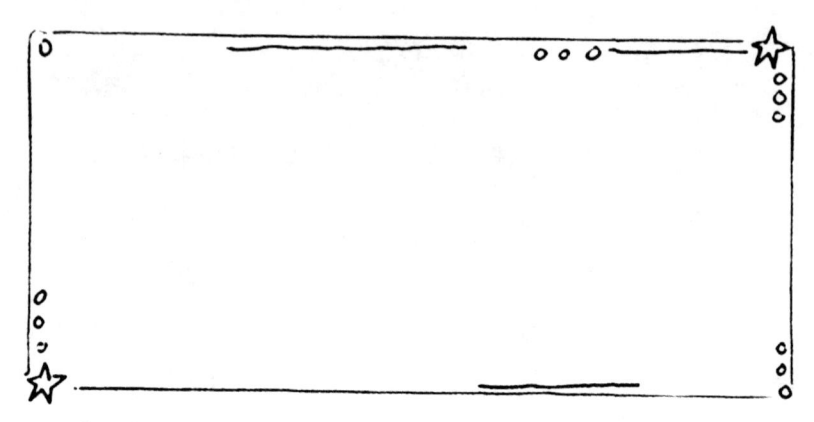

大多数心地善良的人会理解并遵守你的边界。也许下周你不能如约照顾邻居的狗，因为你的工作任务突然增加，你知道如果继续下去，自己会感到压力并不堪重负。当你把情况告诉邻居时，他们很可能会以同情和理解来回应你。

越界者

如果你设定的边界引起了他人的敌意或愤怒怎么办？在这种情况下，千万不要感到内疚。对方的反应不是你的责任。对某人说"不"或设定边界后的那种不适感可能会让人难受，但请听听我的故事。我曾与一个非常苛刻的人共事，他喜欢摆弄权威，于是到最后往往是我让步并满足其要求。那时，我没有时间、知识或精力来设定适当的边界，这也是我现在感到后悔的事。由于当时没有信心说"不"，所以我总是妥协，并在事后感到巨大的怨愤。你应该已经猜到了：这段工作关系结束得挺难看的。一次激烈的争吵后，一切都结束了。我第一次鼓起勇气说"不"，便和共事者一拍两散。就像之前说的，设定边界不容易，但经历过那些之后，我才发现这是多么重要。

最近，在读了梅丽莎·厄本（Melissa Urban）关于边界的畅销书后，我感觉自己就像在学习一门新语言：每天都可以对别人说"不"，或告诉别人我需要什么，这真是让人难以置信，毕竟我是个不到万不得已才会设定边界的人。在《边界之书》（*The Book of Boundaries*）里，为了帮助你更好与他人沟通你的边界，梅丽莎甚至提供了在各种情况下可以用到的对话脚本。

帮助设定边界的小妙招

想想最近一周之内，你说了多少次"好的"，实际上内心却想拒绝？这些"好的"回答背后，有多少本该是说"不"的呢？

如果你的边界遭到对方的不理解或者对方感到愤怒或沮丧，请尽量不要马上做出反应。如果你是出于正确的原因设定边界的，那么请静下心来，记住自己设定它的初衷。你可能需要重新确认自己的边界，或者给对方时间来消化你所说的话。当你第一次设定边界时，其他人可能会给出负面反馈，因为他们早已习惯了你随叫随到，或总会答应他们的要求。记住，他们的反应是他们自己的责任。

如果设定边界让你感到不舒服，你得清楚地知道，这种短期的不舒服比长期让自己做不情不愿的事情更为可取。虽然要忍受一段时间的不适，但从长远看，这样的改变是值得的。

帮助他人

帮助他人是一种馈赠，这也被证明是提升自己幸福感的最佳方式之一，但它必须适应你的生活节奏，与你的其他需求相协调。为了避免压力悄然而至，你需要意识到，自己什么时候是在帮助他人，什么时候已变味成自我牺牲。

在下一页写下你帮助过的人或组织，可以是你的孩子、家庭成员、同事、朋友、慈善机构等。在每条内容的旁边，再写下它是否给你带来压力、快乐，还是两者兼有。当完成列表后，你要思考是否需要设定一些新的边界，或者与那些让你感到压力的人或组织开诚布公地谈一谈。谁对你索求太多？有谁还不清楚你可以提供什么，不能提供什么？

讨好型人格

如果让我回顾自己一些"压力山大"的时刻，那么在我看来它们极有可能是源于我的讨好型人格。而讨好型人格正是由于缺乏边界所致，如果与下面任何一点产生共鸣，那么你很可能就是讨好型人格。

提供过的帮助

1 ......
2 ......
3 ......
4 ......
5 ......
6 ......
7 ......
8 ......

- ❀ 回答"好的"，但其实你想说"不"。
- ❀ 你照顾所有人，但不照顾自己。
- ❀ 你对自己过于苛刻。
- ❀ 你害怕被拒绝。
- ❀ 你过于负责。
- ❀ 你经常保持沉默，不发表意见。
- ❀ 你时常感到疲惫。

以上内容我有多条都符合，百分之百可以被归为讨好型人格。如果你也是这样，你就会明白，这通常意味着压力，意味着你会感到过度紧张、混乱和失控。改变讨好型人格的所有习得性行为并不容易，但并非不可能。在本书开头我承诺过，不会让我们难上加难，而是会提供一些小的建议来帮助改善。所以在这一周里，就让我们看看你是否能说"不"，或把自己放在第一位吧。试着在这周尝试一次，看看感觉如何。起初你可能会感到不适和陌生，但随着时间的推移，通过练习，我们可以使之成为减少压力的积极习惯。尝试说"不"，或把自己放在第一位后，回到这一页，写下你的感受。

第二章　需求

通过说"不"，我觉得……

说"不"的小妙招

❋ "非常感谢你的邀请。可我现在正准备多花些时间关注下自己的整体健康，这次就不参加了。"
❋ "很遗憾这次我没办法帮忙了，不过祝你一切顺利。"
❋ "听起来这会是一个非常棒的活动/聚会/晚餐呀，但我最近太忙了，这次不能参加了。"

根据你的个人情况和具体情境自由调整这些对话吧，但记住：不要过度解释或频繁道歉。

当边界被忽视时

设定边界是一回事，它会不会被遵从或尊重是另一回事。如果你的边界被忽视，你完全有权重新陈述它。如果你的边界继续被忽视，你就可能需要严肃地与对方谈一谈，或是远离那个人。请始终记得，我们无法改变他人的行为。因此，要是设定的边界总被忽视，那我们可能需要接受这一现状。接受现状并不意味着放过对方，而是让自己获得心理上的宁静。尽量减少与那个人的接触，并认识到你无法改变他们，这会给你带来更多的心理自由。

接受不一定是瞬间完成的，它可能需要你随着时间的推移才能逐渐做到。你觉得有可能接受那些无法改变的人或事吗？

帮助减轻内疚的小妙招

下一次，当面对一个你自认为无法应对的新需求时，你可以：

❀ 深呼吸，稳住自己，不要急于行动。

❀ 如果觉得可怕或感到非常不舒服，记住：这是正常的。也许被拒绝对对方来说也是一个新的体验。

❀ 记住：你完全有权表达你认为对自己最合适的观点，对方的反应不是你的责任。正如一个朋友曾对我说的："不要感到内疚。"

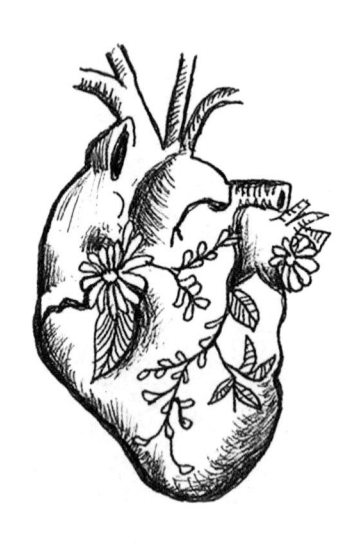

基本要素

在有些诸事皆宜的神奇日子里，我能美美地睡满8小时，孩子们准时去上学，待办事项一目了然，生活中的各种需求反而成了激励我前行的动力。而在糟糕的日子里，只需要一封意料之外的邮件就能让我崩溃。有时，问题不在于需求的数量或性质，而在于我们的心态。心情好时撞到脚指头，你只会轻轻叫一声"哎哟"就没事了，若本就不大痛快的时候碰到了，你也许就会瘫倒在地，哀叹诸事不顺了。畅销书《为什么没人早告诉我这些？》（*Why Has Nobody Told Me This Before?*）的作者朱莉·史密斯博士（Dr. Julie Smith）最近在我的播客中与我分享道，在日常生活中，我们需要平衡五个基本要素来保持心理健康。

1 饮食（即你吃的东西）
2 睡眠
3 锻炼
4 生活习惯
5 社交接触

如果其中任何一项稍有失衡，我们就很容易感到无法应对。如果要上夜班，或是有个夜间哭闹的小婴儿，又或是生病了没食欲该怎么办？有时，当生活遇到不可控的变数时，我们就需要仔细想想自己可以做些什么，有没有改善的可能。例如，如果因为照顾幼儿或倒班工作而严重缺乏良好的睡眠，那么请确保自己尽可能吃得健康；感到低落和疲倦时，与朋友保持联系就显得十分重要；若是因健康问题或工作时间长而无法锻炼，就请保证充足的睡眠，睡多了睡少了都不好，同时留意自己的生活习惯。

  朱莉博士接着解释说，规律的生活习惯是必要的，但也需要给即兴和冒险留出空间。按部就班的生活会给我带来安全感，但我也时常提醒自己，不要因此错过那些可能对我有益的尝试。对规律生活的热爱让我活得像名隐士，特别是在冬天，所以真的需要时不时看看生活中有无新体验。今晚，我和丈夫安排了一个保姆来照顾孩子，这样我们就可以享受几个月来第一次外出共进晚餐的时光。可就在这打字的当下，我已经在盘算如何取消这个计划，好早点上床看书了。我想和丈夫享受二人世界，也知道为彼此留出时间有多重要，但我担心明天会疲惫不堪。今晚就是个完美的例子，说明在某些时候，打破常规并留出时间给乐趣、休息和新的体验是十分有益健康的。

帮助找回平衡的小妙招

在每个标题下,写下你认为在此方面自己感觉如何。如果现在的饮食不健康,或者锻炼不多,睡眠不好,请不要苛责自己,只需注意哪里有改进的空间就行了。

❀ **饮食**。今天吃得有营养吗?

....

....

❀ **睡眠**。睡得好吗?

....

....

❀ **锻炼**。今天活动身体了吗?

....

....

❀ **生活习惯**。生活是否已经形成某种固定习惯?是否拘泥于这样的习惯?

....

....

....

....

❀**社交接触**。今天有和朋友聊天或面见过任何人吗?

....

....

....

> **关于睡眠的小提醒**
>
> 如果昨晚没睡够8小时,请不要惊慌。如今的我们被大量的睡眠建议轰炸着,当听到睡眠的重要性时,我们可能会觉得自己把最基本的事情都搞砸了。如果你像我一样有睡眠问题,就别再逼自己去了解它的重要性了。如果昨晚睡得不好,这没什么大不了的;如果这一周或这个月都睡得不好,也没关系。对自己宽容些。

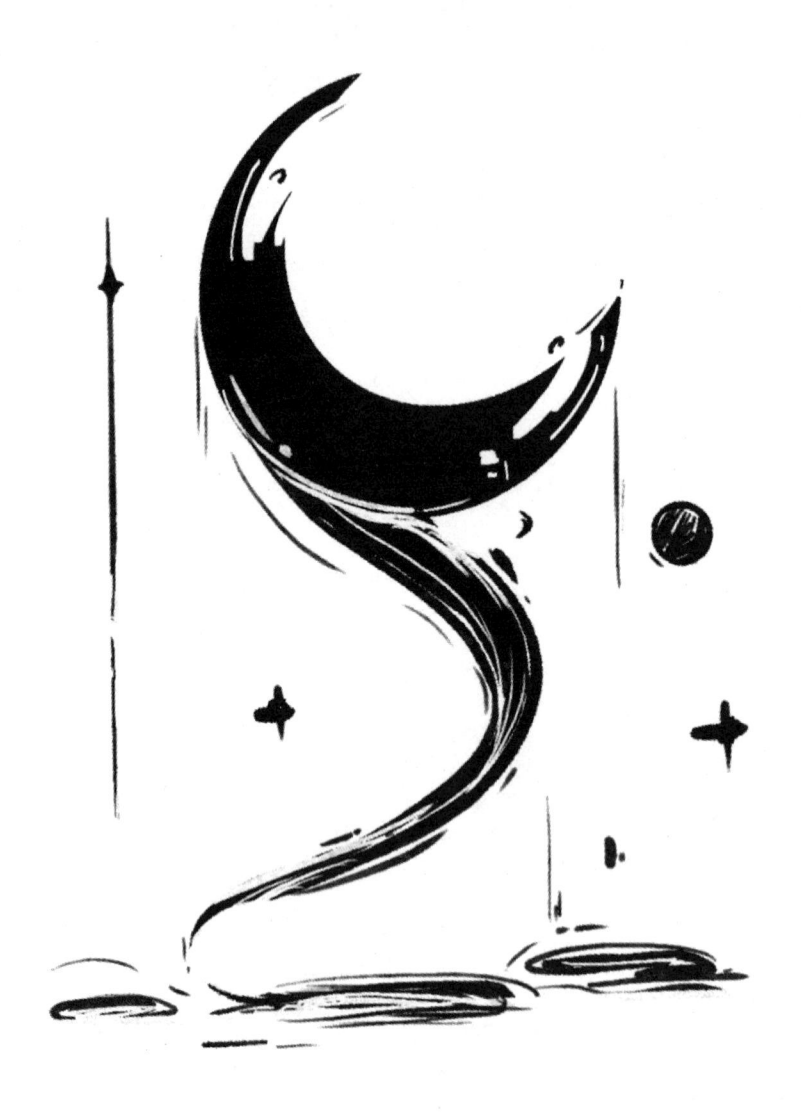

工作，工作，工作

如果你在上班，那么你极有可能会经常因为工作中的需求而感到压力。这种压力也许来自一天中需要完成的工作量、上司或同事的要求、公司的期望、你需要管理和指导或是协同工作的人，或者仅仅因为你不喜欢现在的工作内容。

无论你是团队成员、自雇人士、公务员还是志愿者，总会有亟待满足的需求等着你。顺风顺水时，责任感会让你动力满满，而当状态不佳时，你或许就想当逃兵了。

在了解过基本要素之后，让我们来看看工作本身。在实际工作中，你所肩负的责任及感受到的压力，是否已经超过了这项工作本应带来的成就感、学习机会、享受和使命感？或许你的现状正是如此；或者，你还不确定，只是感觉不对劲儿。我也曾经历过这种感觉。20多年的时间里，我一直因为电视直播和广播的工作任务而感到紧张，有时这种紧张甚至会摧毁其中的乐趣与成就感。随着知名度的提高，我的工作被越来越多的人关注，那时候压力可真大啊！加上如今大家对错误的容忍度也极低，我感觉自己无法动弹，时刻保持着高度警觉，生怕说错话。暴露在公众视野中的工作会带来一个问题，即无法独自面对失败或错误，而同时必须经受舆论压力的考验。年少时，我曾在自己的理想工作中感受到的快乐，现如今全被焦虑吞没了。

由于压力和紧张，不过30岁出头，我的心理健康已经受到重创，

压力让我像只发狂的奶牛猫：通过细微的改变让自己感觉更好

我知道，自己需要换条赛道了。有些潇洒的人称这种做法为"转型"，但不管怎么称呼它，这的确是必要的。做这个决定并不容易，因为我有家人需要照顾，而且没有任何退路，我只知道自己不能再继续以前的生活。跳入未知的感觉很可怕，刚开始转型时我确实没有自信，但通过努力，我重建了自己，也成长了许多。6年的时间里，我从零开始打造"Happy Place"，直到现在，这仍只是开始，未来还有很长的路要走。转型永远不嫌晚。通过"Happy Place"播客，我遇到了许多从头再来的人，他们丢掉曾让自己抑郁或是身心俱疲的工作，选择了让自己感觉更好的事情。

最近，布拉德利·威金斯爵士（Sir Bradley Wiggins）在"Happy Place"播客上提到，之所以从自行车运动中退役，是因为压力和媒体的侵扰让他非常不快乐。大多数人会认为，当在某方面的造诣已臻世界一流时，你会尽可能地坚持下去，可当压力变得难以承受时，你往往别无选择，只能尝试不同的事情。关于这一点，我总是喜欢用我的好友贾斯汀·詹金斯（Justine Jenkins）（绰号JJ）做例子，她曾在城里工作多年，赚了不少钱，社交生活相当丰富，但随着压力逐渐增加，高强度工作的负面影响开始显现，贾斯汀知道，是时候做出改变了。一直对化妆感兴趣的她，开始在工作之余在剧院里给人免费做妆造。这不仅使她获得了去电影片场工作的机会，还在化妆界积累了宝贵的人脉。经过大量的努力，贾斯汀现在是英国最成功和最受欢迎的化妆师之一，并持续在化妆行业内为无动物虐待及可持续发展做宣传。

最近，似乎很多中年人都开始转变生活方式，以获得内心的宁静，使自己更加积极向上。也许是有关心理健康的讨论越来越多，更多人愿意迈出这一步。转变有风险，这不仅需要努力工作，还得耐受重新开始时的"小心翼翼"，但不管怎样，总比每天都感到被束缚、痛苦，以及被讨厌的工作压垮要好得多吧？如果觉得现在的工作不太适合你，首先请记住，这不是你一个人的问题。其次，总是有变动机会的，即便一开始只是些小小的变化。

经历过如此巨大的职业转变，我明白了，关键并不在于摆脱所有的需求：事实上，我在经营自己的品牌时，需要承担的事情更多，关键在于感觉这些付出是值得的。现在的工作任务让我觉得自己有价值，因为每天都在接受挑战，还可能帮助到别人。另外，我对成功的看法也发生了很大变化：我不再试图通过有多少人看我上电视，或者我的表现有多完美来量化成就，如今，我更多的是通过与大家的对话来了解事情的进展。每当听到有人说我的播客或书籍帮助他度过了艰难时期，我就感到冲劲儿十足。这是一种我将永远珍视的特权。

与妮可·克伦希尔（Nicole Crentsil）的谈话

让我们来认识一下妮可·克伦希尔，她可是英国首个庆祝黑人女性和非二元性别者节日"黑人妇女节"（Black Girl Fest）的创始人。几年前，我们相识并因彼此的工作以及对未来的规划而建立起联系。像我一样，许多人仰慕妮可和她所取得的成就，但她为此付出了什么代价？压力有多大？她又是如何应对这些需求的呢？

问：妮可，告诉我们一些关于你的事业以及你是如何开始的。

妮可：我是一个在加纳出生的英国黑人女性，可以说，之所以成为现在的我，是因为我在一个从未真正被看到或听到的世界中挣扎过。在成长过程中，我因为和大家"不同"而被孤立，这给我带来了许多困难和迷茫，关于我的自尊心、对友谊的理解，特别是我想要成为怎样的人。年轻时，很大一部分时间我都在试图融入一个不接受我的世界，只因为我是黑人。融入新的文化和人群让我难以理解和接受"我是谁"，也不知道要"成为谁"，尤其是当周围的一切已经替我做出决定时。

　　我想这就是我对自己所做的工作充满热情的原因。对我来说，寻找同伴不仅仅是为了娱乐，而是出于必要。找到其他被孤立的黑人女性，找到那些被认为是不同的、是问题的黑人女性实际上是对我的救赎。积极致力于实现真正的变革，这就是我创建事业的核心使命。"黑人女孩节"最初是一个为黑人女性举办的大型年度庆典，现已演变成一个出色的创意工作室，我们设计解决方案，使黑人女性在社会、经济和教育方面的生活状况都变得更好。我为我们推出的项目感到非常自豪，更为我们留下的遗产感到欣慰，这不仅仅是为了我们自己，也是为了未来的我们。

问：随着"黑人女孩节"的发展，你是否感到压力也在增加？

　　妮可：绝对是的。我其实对这点感到相当害怕。在商业世界中，每个人似乎都有着宏大的野心，希望将业务扩展到拥有多个全球办公室、数百个团队和数百万的投资。但老实说，我无法想象还有什么比这更糟的事了。我希望我的业务小而精，紧凑但富有影响力。

当我做出这个决定时，大部分的紧张和压力就烟消云散了。我很快意识到，经营任何业务最大的压力源之一就是期望，无论这份期望是社会施加给我们的，还是我们自己加上去的。媒体总在说，一个"好"的CEO（首席执行官）应该是什么样子，他们应该如何说话，或者应该成为哪种领导。而实际上，我们应该根据自己的期望来塑造自己。对我来说，我希望通过扩大影响力和开发项目来发展业务，这也是我衡量成功的标准。

问：要组织如此大型的活动，你是如何应对各种任务的？

妮可： 大量的睡眠！对我来说，休息非常重要，我作为负责人时，很容易就工作到晚上10点之后了。而且我还有个习惯，当觉得任务没有按照既定的高标准完成时，我会亲自去做。因此学会放手非常关键。最后就是分配任务！对我而言，这一点尤为重要，因为我是一个凡事都喜欢亲力亲为的人。分配责任是管理时间的关键，还能确保我得到急需的休息。

问：你如何应对来自周围人的需求，以及参加活动的观众的需求的？

妮可： 对我来说，确保时刻关注每个人的特定需求非常重要，无论是进出场地的无障碍需求，还是给带孩子的家长提供帮助，或是任何有可能妨碍到他们享受活动的问题，都要考虑到位。除了确保全方位覆盖之外，我还非常重视设定边界。过去，我会与每个人交谈，把所有的注意力都投注到他们身上，几周内我的心力就耗竭了。我意识到自己无法对每个人都尽心尽力，因此，我必须保留自己的空间，尽量少做些事情，但仍显得平易近人。我认为，与每个人都进行深入的交谈并不是个好主意。

问：作为企业高层会感到孤独吗？有人会认为企业家和创始人的压力比雇员少，但你要对其他团队成员负责，并与工作中的人进行大量沟通。

妮可： 哦，我告诉你，非常孤独，特别是独自一人创业的时候。应对这种情况的最佳方法是，可以向其他独立创始人朋友寻求建议、支持，或者只是抱怨一下。有一个导师、顾问或榜样也会有帮助，特别是当自己觉得方向不明的时候。

有时，放下责任喘口气对我来说也非常重要。作为老板，我需要做出所有决定，承担所有错误，但这仅限于工作，在家庭生活中我从不这样。和未婚夫在一起时，我会特意要求他来做家里所有的重大决定，并多照顾我一些，我有点像个大孩子那样被宠爱关照着。这确实很减压。我不喜欢在家里还要做一个女强人或独立女性，如果还得那样，我觉得自己会崩溃。

问：当你感到压力时，做些什么对你有帮助？

妮可： 跳舞！不停地跳舞。我也希望有更平静的办法，比如呼吸练习或瑜伽，但老实说，播放响亮的20世纪80年代劲歌金曲，假装邻居听不到一样放声高歌是我最喜欢的事情。当这都不起作用时，我就收拾收拾东西上床。没什么比假装辞职，看一天奈飞（Netflix）的肥皂剧更管用了，哪怕明知道一旦回到工作岗位上，压力其实还在那儿。对我来说，当承担太多事情时，我会感到非常不知所措，压力就会随之而来，所以我尽量少揽事情，来帮助减少这种情况。

> **问：你能完全放松吗，还是发现一回到家，自己还是想着工作？**
>
> **妮可：**我认为，居家工作的文化使得人们很难完全放下工作。不过，对我来说倒是两种情况都有：有时我在家工作效率最高，因为没有团队的干扰。其他时候，我又会变得超级懒惰，最终什么也不做。我认为这是一种真正的平衡，有些日子在办公室工作，有些日子在家办公，这意味着每周的感受都不一样。我也不再因为在家工作时什么都不做而惩罚自己了。如果我在休息，那就相当于在为自己充电，这也很有意义。

妮可提出了一个关于休息的重要观点：当我们选择休息而不是工作时，我们可能会感到内疚。休息在文化上并不受推崇，更不会被视作富有成效的努力，但当我们撑不住时，它可以救命。和妮可一样，有时我发现自己濒临崩溃时，也会忍不住想要再逼自己一把，但这对完成更多工作任务有帮助吗？我不这么认为。精疲力尽时还要妄想着撑下去，这往往会适得其反。后文中，我们将更加彻底地讨论休息这一概念。

压力让我像只发狂的奶牛猫：通过细微的改变让自己感觉更好

日常需求

我们都知道，生活中有些重大的责任明显会影响我们的压力水平，可那些不起眼的小需求一旦积少成多，也会逐渐侵蚀我们的幸福感以及整体健康。比如，上班路上遇到堵车，这足以让我在疲惫的日子里火冒三丈；要是发现自己还有一堆事情排着没做时，整理点文件或是支付停车罚单都会让我感到头疼。

我认为，在面对日常需求时，速度起着很大的作用。如果你还没有读过海明·苏尼姆（Haemin Sunim）的《只有当你慢下来，才能看到的事情》（*The Things You Can See Only When You Slow Down*），去阅读一下这本佳作吧。当来不及做事，或是有太多事情需要处理时，我们会觉得完全没办法放慢自己的脚步，但我们是否无视了放慢节奏的可能性呢？有时，我急于度过一天，不过是为了能坐在沙发上看电视来麻痹自己。在观看真人秀时会有一种安全感，被他人生活的戏剧性包裹着，享受着对自身压力的无视所带来的安慰。事实上，这一刻的我并不比白天忙碌时更安全。慢下来，不要急着结束一天，看看你都注意到了什么，以及你的行动速度如何影响你对压力情况的反应。

慢下来的小妙招

❀ **专心吃饭**。不要看电视或在手机上翻看邮件。享受每一口食物的味道和口感，慢慢品味。我刚刚用花生酱涂了一片吐司来吃，美味极了。

❀ **每隔几分钟有意识地呼吸一次**。深吸一口气，然后缓缓呼出。如果这样做一整天，你会发现，当着急时，自己是屏住呼吸的。

❀ **把你的感官调动起来**。行色匆匆会错过周围的一切。一天中，花点儿时间去留意一下你周围的颜色、气味、声音，以及你身体裹在衣服中的感觉，或是空气接触皮肤的感受。记下你这一天中注意到的东西。你闻到了什么？什么颜色映入你的眼帘？哪些声音让你觉得不舒服，哪些声音让你感到愉悦？

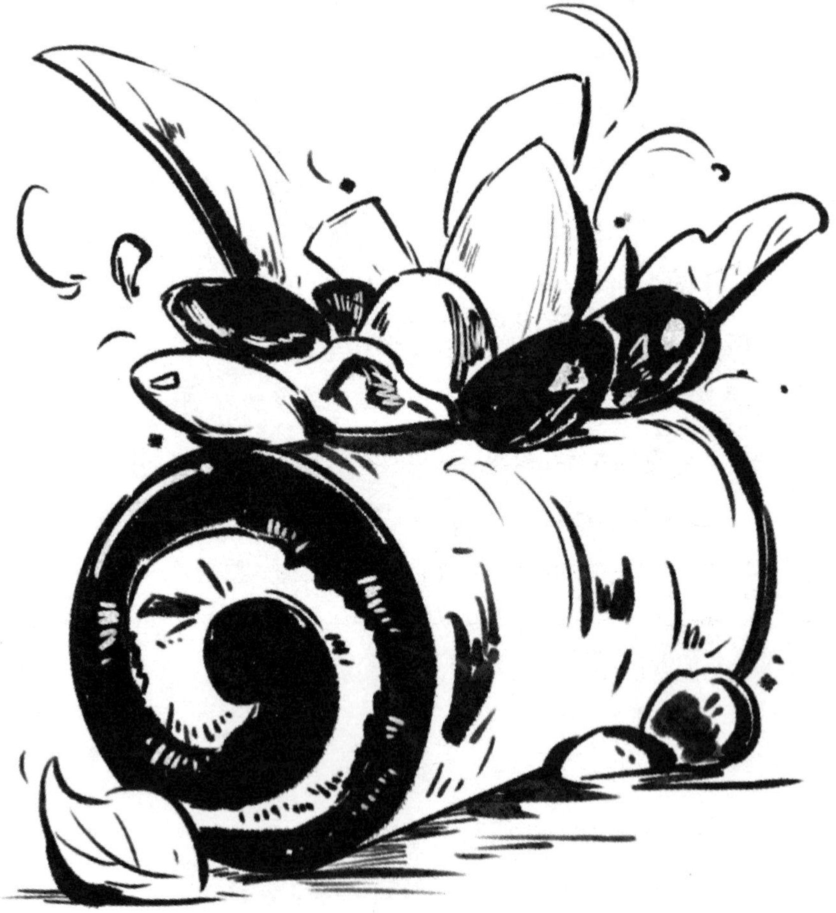

第二章 需求

放松呼吸

让我们来看看那些看似不起眼,但随着时间的推移却会逐渐积累的日常需求:你的电邮收件箱可能已经爆满,洗衣篮也装满了;手机上还攒了好几个不想打的电话;或者你晚上根本没办法让孩子入睡。每一个这样小小的问题都能轻易使你背上巨大的压力,甚至会让你崩溃。在这些日常的压力时刻,我们可以通过做一件非常简单的小事来帮助自己:呼吸。对于那些没有尝试过呼吸练习的人来说,这听起来似乎过于简单浅显了。但在这些时候,我们常常会忘记呼吸:我们会绷紧肌肉,皱起额头,在吸气或呼气的最后一刹那屏住呼吸。减少氧气的摄入会进一步导致我们的身体承受更多的压力,于是这成了个恶性循环,一个紧张的漩涡。许多人可能已经尝试过呼吸练习,但还需要一个契机来使其成为日常生活中的习惯。

记得有段时间,我惊恐发作得十分频繁,为此我去拜访了一位心理咨询师。那时候我时常感觉自己身处悬崖,紧张得快要灵魂出窍了。心理咨询师在办公室接待处见到我,然后我们走出门外,爬了一段楼梯才抵达他的诊室。当我坐下时,他的第一句话是:"自从我在接待处与你握手以来,你一直没有换气。"我已经习惯了在紧张时下意识地屏住呼吸,仿佛这样可以冻结时间,拯救自己。呼吸有时感觉像是一种没法儿拥有的奢侈品,我已经完全想不到要去呼吸了。

心理咨询师的观察给我敲了记警钟。我开始记录自己屏住呼吸的频率，以及每次的压力触发点。有所注意之后，我便开始主动深呼吸，接着我感觉到自己的肩膀随着呼吸下沉，眼睛变得柔和，骨骼中的紧张感开始消散。下次，你迟到，找不到停车位，或在拥挤的火车上时，请注意自己的呼吸状况。你的呼吸是否又浅又快，或是在吸气的最后一刻屏住了？

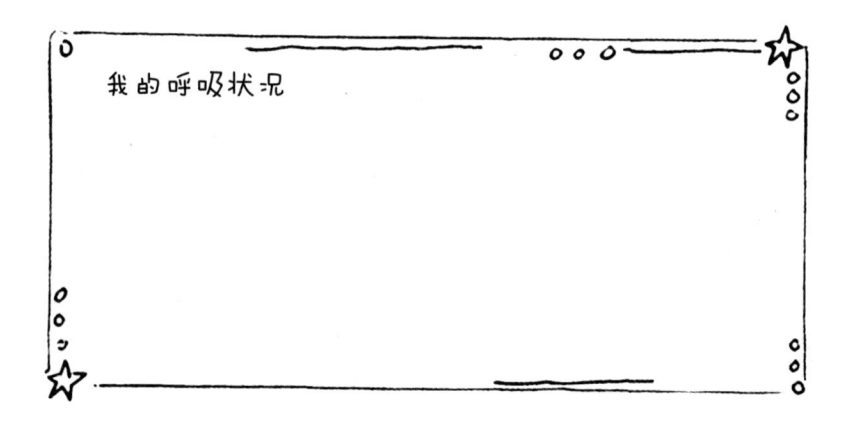

我的呼吸状况

放松神经系统的小妙招

近年来，我很幸运地在工作中遇到了许多呼吸练习专家，他们帮助我了解到呼吸的力量，以及它可以怎样帮助我们处理压力、愤怒、悲伤等情绪。丽贝卡·丹尼斯（Rebecca Dennis）有着多年研究呼吸练习的经验，并在"Happy Place"应用程序上创建了一些很有效的治疗课程。这些课程很短，大约只有10分钟长，但你定会惊讶于即便是短暂的课程，也可以在减压方面产生巨大的影响。

现在就试试吧。丽贝卡经常建议人们使用"盒式呼吸法"来平静身心：吸气4秒，然后屏住呼吸4秒，再呼气4秒，再屏住呼吸4秒。请根据自己的需要进行练习，并留意自己的感受。

你的思绪是否变得更平缓了？你的身体是否感觉更加镇定，紧张感减轻了？

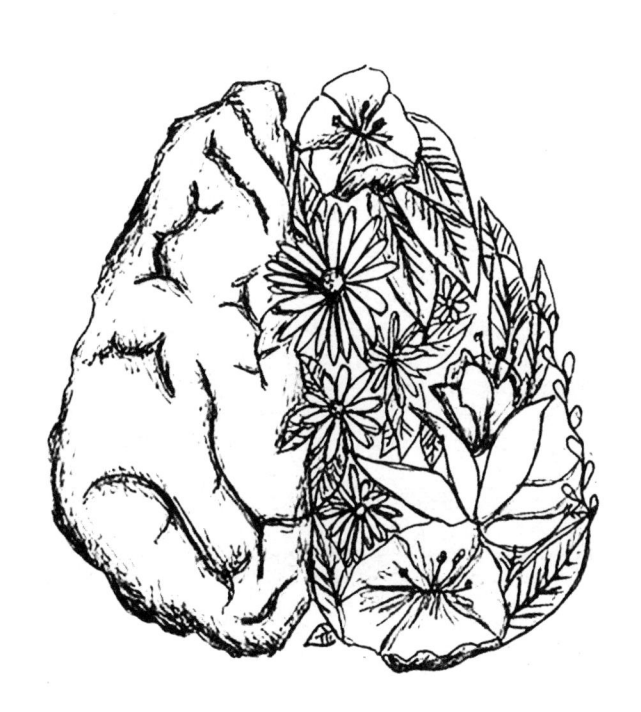

独处空间不足

许多研究认为，社交互动对整体健康来说是基础之一。它可以帮助我们感觉到与人有联系，可以提高幸福感，减少压力，等等。如果你想更深入地了解这个话题，马克·舒尔茨（Marc Schulz）和罗伯特·J. 瓦尔丁格（Robert J. Waldinger）的《美丽人生》（*The Good Life*）就是一本有关人际关系和联系的精彩著作。这是目前研究时长最长的一次有关人类幸福的调查，表明牢固的关系不仅能提升我们的心理状态，还能影响我们的身体健康。提到良好关系的重要性，你可能会以为我们需要一个庞大的朋友圈，以及繁忙的社交生活，但请注意，平衡才是关键。如果你已经感到社交互动过多了怎么办？如果事实上你还需要一些独处时间呢？

我家里一直很热闹。我的播客就是在家里录制的，我有一个优秀的团队，每周还有不同的嘉宾光临，孩子们放学后也会涌进家门，杰西·伍德（Jesse Wood）在家里经营他的生意，工人们四处走动，门铃不断响起。你可以想象一下那样的场景。我喜欢结识新朋友，享受家中的热闹氛围，但有时我也渴望独处。我相信很多人都有类似的感觉，觉得没有足够的空间来真正消化一天的经历，让自己放松或只是静静地坐着。当我工作十分忙碌，同时还要兼顾学校生活以及周末孩子们的派对时，我就感觉自己快承受到极限了。压力水平像海洋风暴一样飙升，我就知道是时候给自己腾出些空间了。

如果时间紧张，哪怕在公园里独自散步半小时都能给我带来一些宽慰。如果时间充裕，我则会独自看几个小时的书，听听音乐［最近迷上了仙妮娅·唐恩（Shania Twain）］，走一段很长的路。当孩子长大后，也许我会有时间独自去海边或安排个短途的过夜旅行。目前要做到这些还不太可能，所以在繁忙的日子里，日间的小小休憩对我来说非常重要。

你每周独处时间有多少？感觉如何？

....

....

....

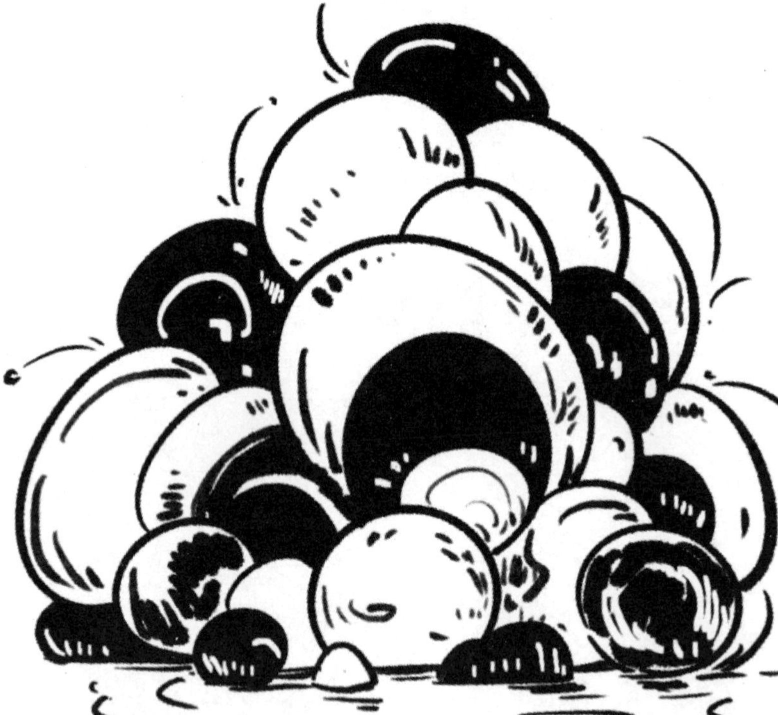

创造独处空间的小妙招

❋ **每天为自己腾出一些时间来独处。**大多数时候,我会设个早上6点的闹铃,上学期间孩子们六点半才会起床,因此我能获得整整30分钟的独处时间(远离屏幕,只有猫咪西蒙的陪伴)。我会煮咖啡,喂西蒙,听外面的鸟鸣。通常来说,这便是我一天中唯一不被任何人需要、无法联系到且可以随心所欲的时间。这30分钟给了我空间和时间,让我为一天的其他时候做好准备。你觉得在你的一天或一周里可以找到哪些小空隙?可以安排一次午间散步吗?或者在睡前进行10分钟的冥想。

❋ **给自己一个休息的机会。**我不抽烟。尽管我绝不会建议任何人抽,但我还是经常羡慕那些吸烟的人可以通过这个习惯给自己创造小憩的机会。当在家工作没时间散步时,我也会像抽烟的人那样小憩片刻,走出我那又小又闷的工作室,到外面深呼吸几分钟,调整调整心态,活动一下双腿。即使是短暂的户外休息也能对我们的压力水平产生很大的影响。

❋ **如果你想要独处,不要害怕提出这个要求。**现代社会有一种误解,即认为你必须每时每刻都和伴侣在一起。如果你已婚或有伴侣,当觉得需要独处时,请不要犹豫,直接开口提:单独赴约,独自出去散步清理头脑,或是在床上一个人看电影。这没什么可羞愧的,如果向伴侣解释你需要空间来恢复精力并充分休息,他们不应当把这当作某种针对性的攻击。之前提到过的梅丽莎·厄本在她的《边界之书》中举了许多例子来说明，与他人设定边界可以如何帮助我们减压。如果总是取悦他人并对他人的需求说"好的"，最终我们会感到更大的压力，并且满身怨恨，精疲力尽。你需要重获空间和时间时，告诉他人你的需求，以及对外界需求说"不"是必不可少的两大原则。

最近，凯特·费迪南（Kate Ferdinand）作为嘉宾出现在"Happy Place"播客上，我们讨论了作为父母该如何应对精疲力竭的情况，但我认为，她的建议在任何渴望独处的时候都管用。她说，为了更好地养育孩子，她必须有段时间离开孩子。她挺难相信自己真的需要这段时间，有时也会为此感到内疚，但她知道这是必要的，只有这样她才能给5个孩子所需的爱和关注。也许你还没有孩子；也许你与伴侣或室友同住；如果你在家工作，情况可能会更复杂。但无论什么情况，只要你需要独处，就请开口。如果对提出这样的要求感到紧张，那也没关系，毕竟这对你来说是一个新的体验。真诚永远是最好的办法，所以请和你的伴侣、室友或亲戚坦率地交流吧，解释你的想法，并告诉他们你需要独处来处理情绪、反思并获得内心的平静。没有人会反对这一点的。

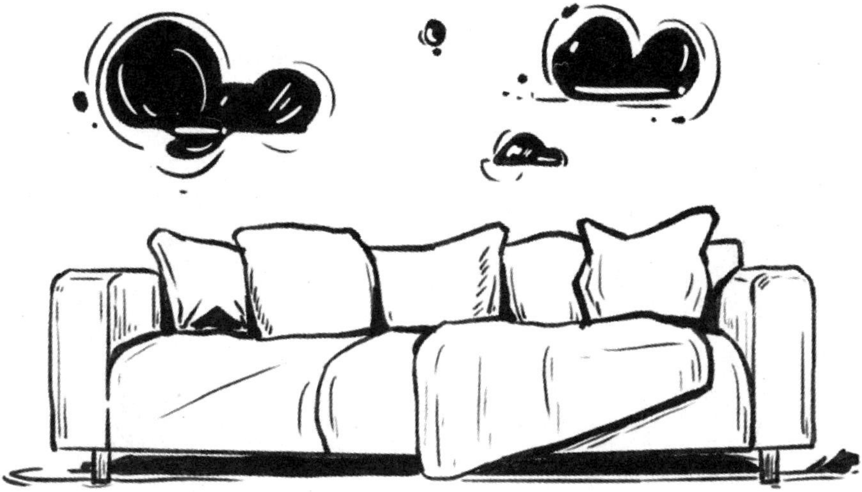

日常事务管理

当我和一位非常要好的朋友谈论这本书时，我们开始比较生活中哪些部分让我们感到压力巨大。他是一名自由作家、导演和演员，常常四处奔波，每天的任务都在变化。但对他来说，造成持续压力的一个因素来自生活杂务以及文书工作。他形容被成堆的文书工作压着就像溺水一样难受。如果你也有这样的感觉，你或许就会发现，自己的应对方法是把它们堆起来放着不管，不读也不处理。你在拖延哪些生活事务呢？在下面列个清单，按优先顺序列出需要先做的事情。

1. _____
2. _____
3. _____
4. _____
5. _____
6. _____
7. _____
8. _____

处理生活事务的小妙招

如果要完成的任务太多了，那便找个朋友帮忙吧。和朋友一起做同样的事情，各自完成后还可以发短信或打电话相互庆祝一番呢。

有时候，我会给自己一个小小的奖励来激励自己，就像对待一只不听话的狗那样。如果有大量的邮件待处理，发票也要整理，但自己还在拖延，我就会想象完成后来杯热巧克力或是窝在沙发上看一集《我的妈呀》（*Motherland*）。每天给自己设定一些可实现的目标，逐步解决那些生活杂务，再奖励一下努力的自己。这可是双赢：生活事务搞定了，压力减轻了，还有奖励！棒极了！

记录下当你完成所有事务后的感受。当那些信件或账单被分类归置，支付完停车罚单，回复完邮件或是终于预约好医生后，你感觉怎样呢？

....

....

....

第三章　健康

压力不仅是一种在当时让人不舒服的情绪反应，如果不加以处理，它还会影响我们的身心健康。在观看了瑞奇·罗尔（Rich Roll）最新一期与嘉宾兰甘·查特吉博士（Dr. Rangan Chatterjee）的油管（Youtube）视频后我才知道，每天在保健医生那里看到的所有病例中，有70%～90%都是由压力引起的。这比例看起来可不小，为了让自己的身体和心理更为健康，对此我们得重视起来。这些病症包括抑郁、焦虑、性欲低下、炎症问题、失眠、激素问题、糖尿病，等等。虽然也许还有其他因素作用其中，但查特吉医生坚持认为，压力往往都参与其中。

这听起来有点吓人，但只要认识到压力的长期影响，我们还是可以看到希望的。与其为压力所造成的身心负担而战战兢兢，不如回想一下贾德森博士之前所说的，要培养自己回应压力情境的意识。通常，我们无法扭转某个压力场景，也无法立刻摆脱令人疲惫不堪的人或工作，但我们有能力改变自己的应对方式。此外，还记得欧文的建议吗？在处理压力情景时，积极的自我对话至关重要。因此，我们细致地感受自己的身心连接时，应牢记这一点。

过去人们认为，心理或情绪压力有可能在身体上体现出来，这是一种不切实际的假设，但如今有大量数据证明，压力的确可以演变成疾病。你自己大概也能察觉到，压力在你身体上所展现出来的明显结果。无论何时，只需看一看自己的手，我就能知道自己压力有多大。当我紧张不安、肾上腺素飙升时，手指周围的皮肤会红肿皲裂。我会不自觉地撕扯死皮，挖到下面疼痛的生皮。情绪压力上来时，这几乎是种不由自主的反应。不仅如此，我还感到自己胸部紧绷，头皮刺痛。如果情况很糟糕，压力就会表现为头痛、便秘、失眠、感冒和口腔溃疡。这些都可以看作是警示信号，表明我需要镇静自己的神经系统，也许还需要做出一些改变。

除此之外，压力还会表现为心理健康问题，诸如强迫症、焦虑和抑郁等。10多年前经历过的一段压力，导致我抑郁以及侵入性思维无法控制。虽然那段艰难的时期已经过去了，但焦虑依旧挥之不去。长期以来，我一直不确定自己为什么会惊恐发作，但最近我被诊断出患有强迫症，这让我有了一些新的认识。尽管不想过分纠结于标签，但现在的我能够更清楚地看到自己的大脑是如何运作的。当极度担忧的想法又冒出来试图引发惊恐时，我便会告诉自己："哦，就是强迫症嘛，不是真正的威胁或担忧。"有时这样做会奏效，可以缩短恐慌的时间，但由于才刚开始，所以我依然无法克制自己的冲动去检查窗户锁没锁，或是煤气有没有关上。没事，这说明我还有进步空间！所有这些不过是在那个压力重重的岁月里，我的大脑学会了过分担忧而已，而现在，我正怀着满腔对自己的同情，努力去理解并纠正这件事。

值得注意的是，我们还需对长期压力，就是埋藏在我们骨子里的那种压力保持警惕。由于这种压力司空见惯，以至于你都觉得它是生活的一部分。但这种压力会对身体造成损害，影响心理健康，因此，在感觉还不错的时候，我们一定要去解决掉它。虽然要解开多年来积累的压力并不容易，而且想要极速改掉根深蒂固的习惯也不现实，但只需一点帮助和支持，加上自己强烈的意愿，这是可以做到的。我也需要时时提醒自己，我是有选择权的，这样我就能意识到自己应对压力时的某些反应不过是习惯成自然。如果你愿意尝试改变内在习惯以应对长期压力，保持身心健康，那么我很乐意成为你的伙伴。在本章中，就让我们深入探讨一下习惯，以及可以做些什么小事来帮助自己保持健康。

警示

当发现压力会对身心造成巨大影响时,你开始感到害怕或惊慌,这是正常的。我并不想让你有更多的担忧,所以,让我们重新定义,把压力造成的身体反应视为一种警示。我们都有可能不自觉地陷入压力循环,有时甚至感受不到自己正处于多大的压力之中。整天都困在"战或逃"的模式中,我们依然觉得一切正常。幸运的是,身体会告知我们情况不妙,需要重新调节。贝塞尔·范德考克(Bessel van der Kolk)在其著作《身体从未忘记》(The Body Keeps the Score)中深入探讨了这个话题,阐释了那些经历创伤的人是如何发现自己的身体被困在"战或逃"模式中。他的治疗手段帮助那些遭受压力重创的人获得了心灵与身体的自由。

值得注意的是,来自身体的警示可能经常出现,但你已经习惯了它们的存在,或是完全忽视了它们。本章内容即将尝试识别可能出现的身体问题,同时看看可以做哪些小事来减轻压力。这里,压力可能表现为身体疲劳、关节问题、肠胃问题、炎症、皮肤问题、背痛,等等。

第三章 健康

你能察觉到可能是压力在你身上引发的躯体症状吗？如果有，请写下来。

压力的代价

想要"感受不到压力",这种想法可能会适得其反。我可不希望在看了这章后,你对减压感到更无望了。相反,我希望这部分内容能够作为一种指南,帮助你识别身体上的压力表现,以及哪些应对机制有利于你重新获得掌控权,从而恢复身体的平衡。

对那些寻求帮助和治愈的人,以及那些希望预防压力的躯体化表现的人来说,乔·迪斯潘扎博士(Dr. Joe Dispenza)所做的工作是具有变革性的。无论是他从病痛中恢复健康的故事,还是分享的其他人的故事,都说明了理解身心连接的重要性。在一次铁人三项比赛中,乔被一辆车从后面撞倒,6块椎骨断裂。这一创伤促使乔走入探索心理力量、治愈和冥想的世界。现在,他完全恢复了健康,还帮助他人治愈过去的伤痛,并学会了应对当前的压力,培养了一种能够让身体达到最佳健康状态的心态。如果你有兴趣了解更多,油管上有许多他的有趣视频和书籍,讲述了他帮助过的人的故事。

在那一无所知的年纪,我没有任何自我意识,也不了解这些,因此常常处于身体不适的状态。20多岁时,我每周工作7天,很少休息。媒体的闲言碎语,再加上对自己疏于照顾,我的自尊心不足,压力水平极高。乍一看,我的生活似乎非常好,有一份令人兴奋的工作,一个安全的住所,冰箱里堆满食物。然而,那时的我对工作环境的任何讯息都是高度紧张的。记得有次拍照时,我坐在化妆椅上,茫然地盯着镜子里的自己，整个身体仿佛已经僵硬冻结，重要器官全都处于紧张状态。不仅如此，那时我还有便秘、膀胱炎的困扰。

咱们就直说吧：当便秘拉不出屎来的时候，那感觉真是糟透了。如果你也有类似的毛病，那现在可以长舒一口气了。我真的很幸运，能够一点点地把自己从那些带来巨大压力的生活境遇中拔出来，离开了让我感到恐惧的工作环境，也不再因为害怕找不到工作而啥事都点头答应。只要是感觉糟糕的事，我都会拒绝。

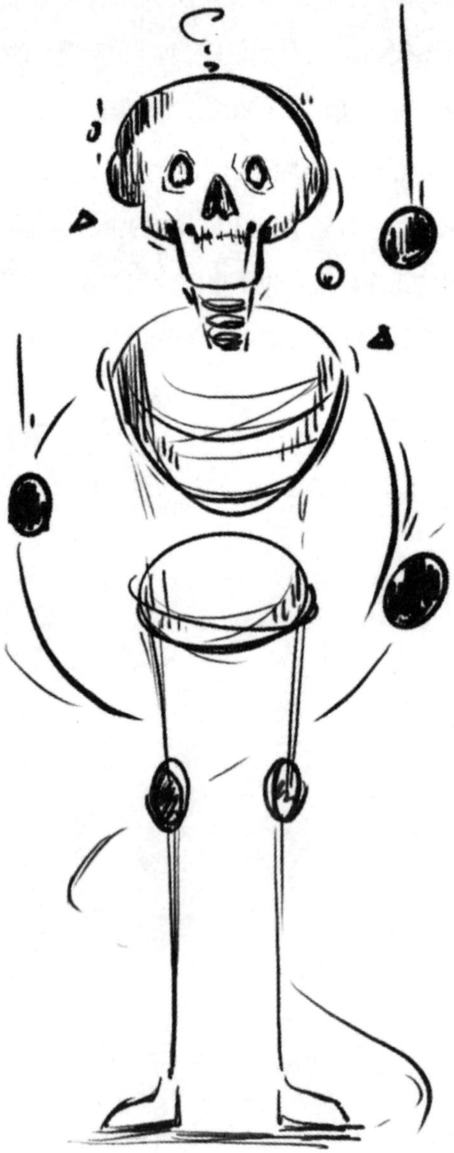

帮你做出正确决定的小建议

- 去做那些让你感到身心放松和开放的事情。还记得本书开头贾德森博士所说的关于开放性的内容吗？
- 记住：周围的人不必理解或同意你的决定，最重要的是，你自己认为这些决定是正确的。
- 你有权对不想做的事情说"不"，对真正想做的事情才说"好的"。

做出自己认为正确的决定可能会引发一场尴尬的对话，或是拒绝掉某人，又或是走上一条未知的道路。我的朋友，作家兼健康专家唐娜·兰开斯特（Donna Lancaster）把那些不舒服的时刻称为"紧张时刻"。不过，感觉不舒服不应成为阻止你做决定的理由。一般来说，起初的那点儿不舒服会让位于长期的平静，因为你知道自己做了所有正确的决定。

真的需要冒险过一种真实的生活吗？你需要拒绝某人或某事吗？还是找一条新路子？

如果用1~10分来代表程度的严重性，将你的决定付诸行动会让你感到多么不舒服？

....

你认为克服这种不适值得吗？如果值得，为什么？

....

....

如果你对最后一个问题的回答是肯定的，那就去做吧。做出改变，即使知道在这个过程中可能会有不舒服，但也清楚这将有助于降低你的长期压力水平。如果决定做出改变，无论多小的改变，都请在几周或几个月后回到本书的这一部分，比较一下今天压力带来的躯体症状和那时的变化。写下你留意到的情况。

....

....

....

....

与我妈妈林·科顿（Lin Cotton）的谈话

心理压力如何影响身体状态，我妈妈林对此深有感触。6年前，她被诊断患有多发性肌痛，这种病会导致肌肉和关节剧烈疼痛、僵硬并引发炎症。炎症是压力最常见的躯体化表征之一，而我妈妈的躯体症状正是关节疼痛。那时她不仅需要忍耐疼痛，还要反复预约医院并接受持续的药物治疗。现在，她的身心都有所好转。让我们一起认识一下林。

问：妈妈，你能和我分享下自己患多发性肌痛的经历吗？你还记得在诊断前自己的身体有哪些症状吗？

林：最初只是背部会偶尔痛一下。在一次瑜伽课上，我发现躺在地板上时会感到背部疼痛，很快就发展到全身疼痛。我本以为去找脊椎按摩师就可以消除，但不行。接着就去找了医生，医生让我做了一次血液检查。在此期间，浑身上下的疼痛越来越严重，还伴随着僵硬，我甚至无法左右转动脖子。我自己一个人都无法起床、穿衣、爬楼梯和下车，感觉身体像生锈了的古董。

问：疼痛是如何影响你的心理健康和压力水平的？

林：这个病持续了5年，在这期间疼痛一直持续，而且很严重，这让我十分抑郁。我设法预约到了一位风湿病专家，他诊断出我这是多发性肌痛，告诉我这种病症平均持续约2年，然后就会自行消失。在那之前，我需要每天服用一种类固醇，并逐渐减量。类固醇可以帮助缓解疼痛，但只要我一减小剂量，炎症就会再次暴发，因此我又恢复到原来的剂量。只能说，这一切都是平衡的艺术。

问：你是如何逐渐康复的？

林：大约5年后吧，当我只需服用小剂量的类固醇时，我感觉自己开始好转，然后有一天，我突然感觉一切都好了。太幸运了，它自然消退了。

问：你认为自己得的这个病有多大可能是由情绪压力引起的？

林：我百分百相信，是压力导致我得了这个病。这种认知帮助我康复，也促使我做出了改变。现在我不再需要服用药物了。我现在感觉很好,比这一切发生之前还要好。

我相信压力是我患上多发性肌痛的罪魁祸首:持续的焦虑极大地影响了我的身体,很可能削弱了我的免疫系统。多年来,我一直没怎么处理好生活中的压力问题:我知道它在那儿,但一定程度上却选择了忽略它,因此我的身体受到了攻击。

现在,我的生活方式完全变了:养成了健康的饮食习惯;居住的环境很美,我时常在周围和你爸爸一起散步;还养了一只可爱的救援犬;邻居都是可爱亲切的人。除了每个人都会经历的一些事情之外,几乎没什么压力可以影响我。我也十分珍惜自己拥有的一切,时常感叹"活着真好"。

妈妈现在的状态很好,身体不再感到那么痛了,对此我真是又高兴又感激。我知道,为了管理自己的压力水平以及后续的改变,妈妈付出了很多努力,而且直至今天,她仍需要继续这样做。妈妈开诚布公地分享了她应对疾病和自我改善的过程,希望这也能够给你带来希望,让你相信,有时候通过积极的改变是有可能改善自己身体状况的。

妈妈还提到,她和爸爸每天都要步行数英里,这对他们非常有好处。如果你想听一个最不可思议的身体康复故事,我强烈推荐你去阅读雷诺·温恩(Raynor Winn)的《盐之路》(*The Salt Path*),这本书不仅讲述了雷诺如何走出无家可归的困境,还讲述了每天步行数英里如何帮助她丈夫摩斯从慢性疾病中康复。雷诺也曾作为嘉宾出现在我的播客上,向大家重述了这个美丽的故事。这个故事我将永记于心。

对了,妈妈爸爸还有来自威尔玛(Wilma)的爱与陪伴,威尔玛是他们的救援犬。动物长期以来一直是治愈人类的"良药",能够大大减少人们的压力。我一次又一次地在自家猫身上体验到这一点。大家知道,我经常会在个人账号上发一些猫咪西蒙的照片和视频,它的存在给我们全家带来了许许多多的爱、喜悦与宁静。要知道,大多数动物都是疗愈大师。

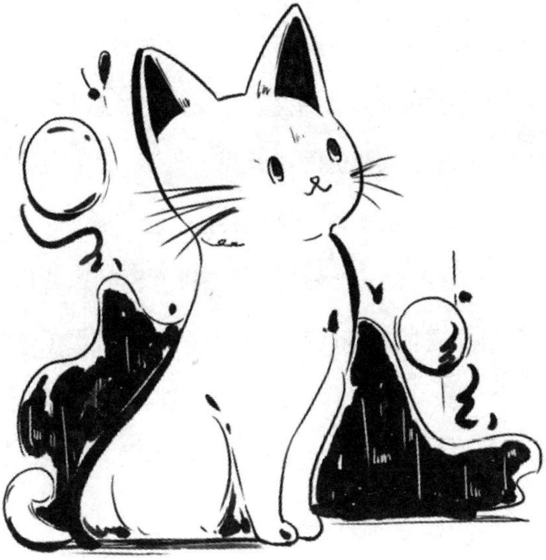

创伤

在"健康"这一章的开头,我就提到了长期压力以及它对我们身体的影响。妈妈的故事也证明,多年未处理的痛苦会如何在身体上表征出来。

有时,这种长期压力是由创伤引起的。从毁灭性的事件中恢复虽然是一项复杂且耗时较长的任务,但并非不可能完成。我有幸与许多克服创伤事件的人沟通过,虽说他们并非完全不再受过去的影响,但我了解到的是,他们起码可以找到应对机制来处理创伤后遗症。

30岁出头的那段日子很难熬,我开始对压力产生非常强烈的身体反应。由于没有处理好所面临的挑战,我开始惊恐发作,而且失眠。至今,当时出现的睡眠问题仍困扰着我。我尝试了很多方法去改善自己的情况,可惜的是,大多数尝试只会让自己的睡眠问题更加严重。后来我才意识到,要解决这一切,首先得看到问题背后隐藏着的恐惧。尽管睡眠与我之前面临的挑战无关,但它代表了一种残留的恐惧。这就是为什么我认为,为了改善自己的睡眠,我需要在各个方面都感到安全。感到越安全,我就会越少感到压力。

第三章 健康

让你感到安全的小妙招

- **与人交谈**。告诉他们你在身体上和心理上的感受是怎样的，谈谈你感到不安全或害怕的时刻。
- **善待自己**。在这些时候，不要责备自己没能力应付自如。再次提醒一下，积极的自我对话是很重要的，就像欧文在本书开头提到的那样。这时的你感到恐惧是正常的，所以对自己宽容一些。
- **内心要清楚地知道，并非只有你一人是这样的**。当半夜失眠时，我就会想起那些正在上夜班的人，他们和我一样站在失眠的阵线上，忍受着缺觉与疲惫；我会想起所有那些半夜还陪护着没睡着的孩子的父母们。这时候，我就会对自己更为宽容，因为我不再觉得只有自己是这样的。
- **眼动脱敏与再处理**（Eye Movement Desensitization and Reprocessing，EMDR）。这种疗法帮助我减少了压力和焦虑，但我还没有完全掌握。这是一种非常强大的疗法，通过左右眼动或双边敲击来重新校准大脑，以减轻痛苦记忆引发的刺痛感。

如果你正在处理过去的创伤，请不要因为无法控制由压力引起的躯体症状而受打击，那只会让你感到沮丧，而且压力可能会更大。从创伤或非常艰难的经历中恢复是需要时间、支持，并打心底里去接受现实的。接受可能是整个过程中最困难的一部分。我就很难接受这一事实——我始终无法控制压力在夜晚引起的躯体症状。我还发现，在康复过程中保持耐心也不是件容易的事。这些都是完全正常的。总之，善待自己，知道这可能需要时间，康复的速度并不重要。

睡眠

关于失眠的小提示

当出现睡眠问题时,任何薰衣草喷雾、草药茶或其他偏方都没啥用。我曾用镁涂抹全身,也试过据说有助眠效果的樱桃汁,但也效果甚微。许多睡眠问题源于压力,或者纯粹是心理上的无法入睡。虽然放松身体有助于睡眠,但通常需要采取全面的身心调节方法才能奏效。我在迪帕克·乔普拉(Deepak Chopra)做客播客时,从他那学到了一个有关睡眠的心理技巧。那期节目的内容约等于我和"伟大的乔普拉"进行的一次私人治疗,我在节目中向他请教了自己夜间恐慌的问题。他的建议是,不要抵抗恐惧和恐慌,而是欢迎它们的到来。这并不是我预期的答案,但还真有用——一旦你停止与恐慌对抗,它就会稍微减退些。虽然不会完全消失,但这个过程总比责备自己或使恐慌加重要安宁得多。无论你抗拒什么,它都会持续存在。

另一个关于睡眠的小提示

看看你在睡前给自己招来了多少压力。你是否在床上观看紧张刺激、充斥暴力的电视节目?你是否还在阅读内容沉重的文学作品?你是否入睡前还在玩手机?

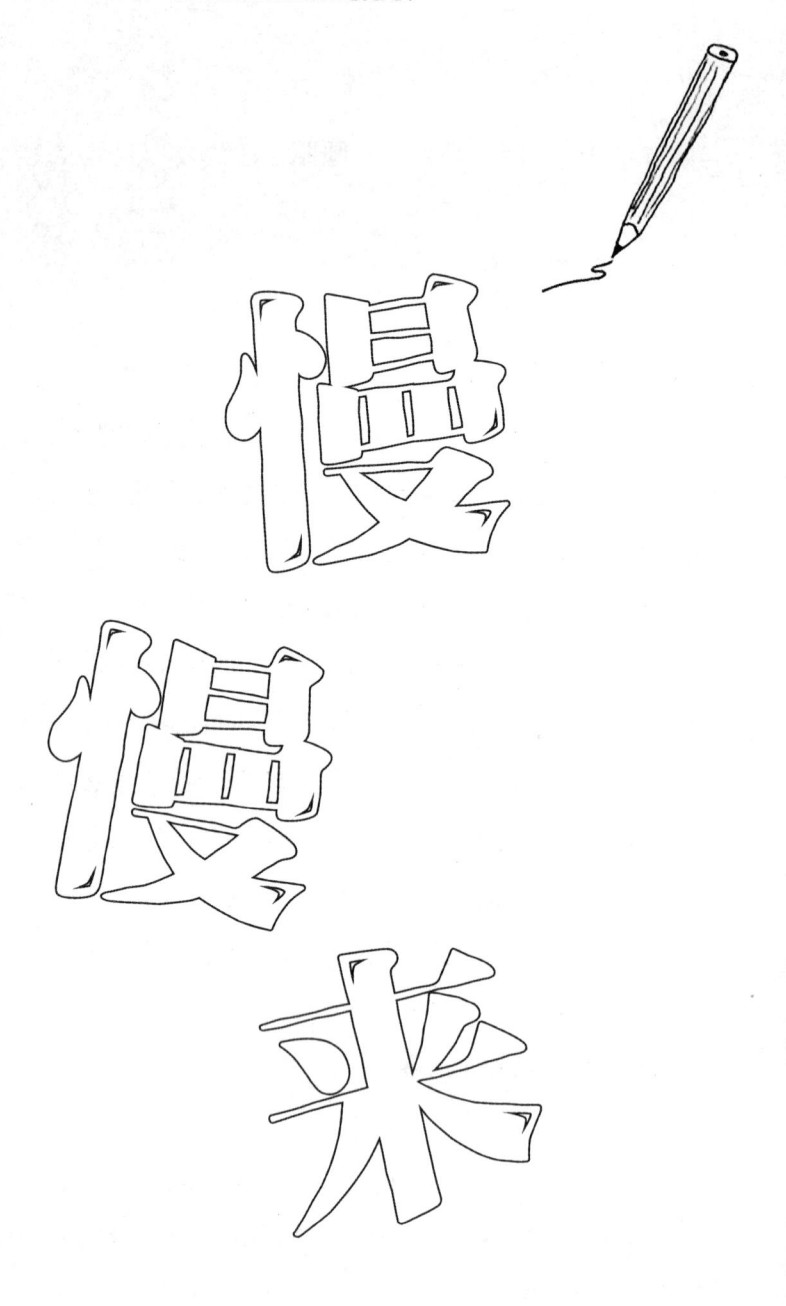

压力让我像只发狂的奶牛猫:通过细微的改变让自己感觉更好

108

由于曾被睡眠问题困扰，我的睡前习惯一直非常枯燥。接下来，请准备好阅读最严谨也最无聊的睡前习惯。

- 晚上9点，关掉手机。没错，关掉。
- 在床上阅读30分钟。只看轻松愉快的书。
- 去一趟卫生间。可能两次，以防万一。
- 戴上耳塞。
- 戴上眼罩。
- 10点关灯。

天啊，光是打出这些字我就已经感到无聊了。如果你已经看睡着了，那还真是意外之喜呢！但我知道，对我而言，为了让自己在夜间毫无压力，每天睡前的准备必须尽可能一致，这也使得我养成了如上的睡前习惯。你希望自己的睡前习惯是怎样的呢？

我的睡前习惯

助眠小妙招

❉ **减少蓝光**。如果在睡前长时间接触手机或笔记本电脑发出的蓝光，我就无法入睡。如果你喜欢在晚上看电视或看电脑，可以买一副蓝光防护眼镜，帮助过滤屏幕发出的蓝光。这些眼镜挺有用的。

❉ **避免在睡前吃含糖食物**。不要在睡前吃含太多糖的食物，这会导致能量激增，想要睡得好就别这样。

❉ **留意一下你都在看些什么**。确保睡前观看的内容不会过于令人不安或感到刺激。

那些上夜班、工作时间不规律或有小孩的朋友们，我懂你们的感受。由于主持活动或与不同时区的人录制播客，我经常需要在晚上工作，再加上我儿子也有睡眠问题，因此在我们家几乎没有睡个整觉的说法。我的目标就是尽量保持作息一致，不过这无须追求完美，因此作息被打乱时，我也会让自己努力不要去担心。多年的经验让我知晓，即使睡眠不足，你仍然可以度过愉快的一天。有时候如果没睡好，我会觉得这一天都毁了，甚至会夸张地哭诉觉得这种日子根本不可能快乐，但实际上结果却往往相反。

有趣的是，白天的活动对我们的睡眠有着巨大的影响。最近，我采访了睡眠专家苏菲·博斯托克博士（Dr. Sophie Bostock），她在我们播客的应用程序上提供了许多关于睡眠的建议和课程。她解释说，为了获得良好的夜间睡眠，最建议做的就是早上一起来就让自己暴露在自然光下。这只需几分钟，但即便是这么短的时间，也能帮助调节我们的昼夜节律。如果你在办公室工作，可否将桌子移到面对窗户的地方，这样你就能在坐着的时候享受自然光？你是否也可以减少白天的咖啡因摄入量？所有这些小事都会对你的睡眠产生重大影响，不仅会减少夜间压力，还会让你第二天感觉更好。

你的身体

让我们通过一次冥想式的"身体扫描"来关注身体的感觉。不同于直击病灶的医学扫描，这种内省的方式可以帮助我们调动身体的感知，察觉哪里有紧张感。

如果你已经读完了这一章，仍然无法察觉到压力在身体的哪个部位，不妨再深入地问问自己：你是那种更关注思维而忽视身体的人，还是感觉到很多身体上的反应，但会把这些感觉抛之脑后的人？我们中的一些人思绪很重，会反复回忆过去的事情，思考各种想法，迷失在记忆或对未来的恐惧中。大脑活动频繁，而身体的其他部位则可能被遗忘。

这百分之百就是我的工作方式。当思绪不停翻腾，我就会忽略身体对这些想法的反应以及压力对我身体的影响。由于知道自己容易沉浸在思绪中，我会努力留出一些时间让自己少关注想法，多关注身体。欢迎尝试"身体扫描"，这不需要花太多时间，但得到的结果却会是令你惊讶的。

身体扫描

如果可以，躺下或坐在舒服的椅子上。躺下总是更好的，因为你可以真正感受到脊椎的存在。

从头顶开始。在你的脑海中，像扫描般感受头部是否有任何压力、疼痛或不适。眼睛后面是否有紧张感？前额是不是皱着的？下巴感觉如何，因为我们很多人都会在这个部位积累紧张感。

现在，注意力移到你的脖子和肩膀。不知道你感觉如何，但今天我的肩胛骨感觉像块铁一样沉沉的不舒服。看来，我的许多压力都沉重地压在肩膀上。

现在移到你的胸部，深呼吸几次，看看肺部感觉如何。是否有紧绷感或阻碍？

继续往下，来到腹部、骨盆、大腿、小腿和脚，扫描过程中是否有紧张感和压力。不要对压力进行任何评判。记住，你并不想再给自己增添负担了。如果感到紧张，没关系的，你又没做错什么，也不是考试考砸了，只是要注意压力作用在了哪里就好。

下次应对压力场景时，请主动关注你的身体。把思维集中在某个身体部位，然后深呼吸。你能否想象将呼吸移到那个紧张区域？在这些时刻，想象是一种强大的工具。感受它并进行吸气，然后把压力呼出去。你可以根据自己的需要灵活地做这个练习。

第三章 健康

在下图标出你感到紧张和身体承压的所有区域。

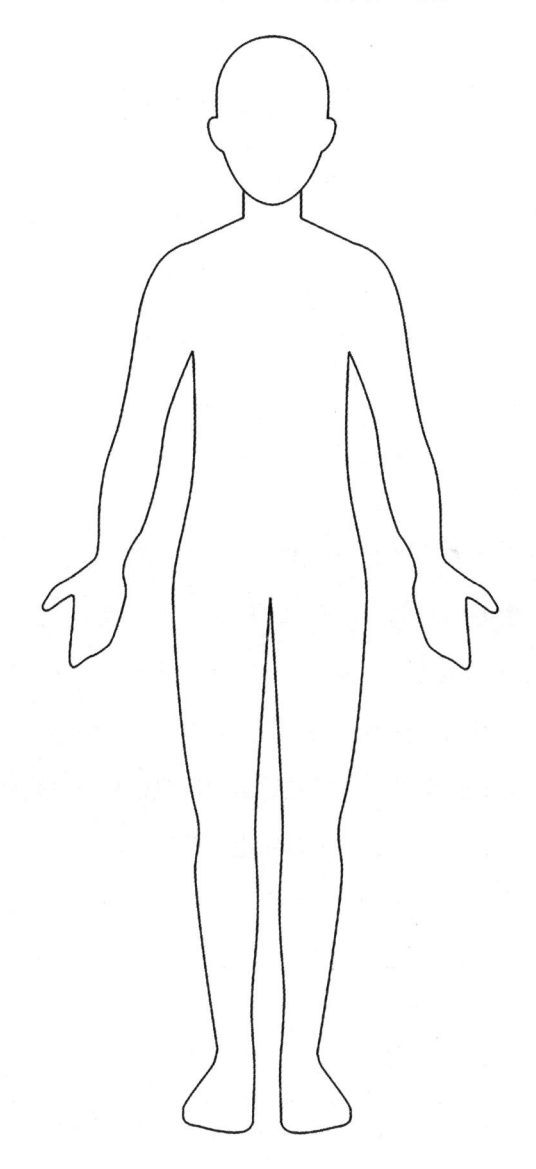

你都吃些什么？

营养是一个庞大的话题，为了自我疗愈，我也曾对其深入地探索过。如果这些年来你一直关注我的工作，你可能听到过我提及罹患暴食症的那10年。这个病在那10年里起起伏伏，19岁时它第一次爆发，20多岁时又零零星星出现了几次。毫无疑问，这就是压力导致的，因为在那个时期我感到自己是完全失控的。当时的我对工作有着很高的期待，而个人生活则充斥着混乱的关系。暴食感觉就像是从这一切中解脱出来的一种方式，一种摆脱混乱的途径，一个没有人能了解的秘密。

遗憾的是，这并没有让我摆脱混乱。在那几年迷茫的岁月中，我一直以为这是我唯一的应对方式，但后来我开始感到它给我内心带来的压力。外在的压力可能引发了这个问题，但这种行为本身也在给我的身体施压，而且有些症状已经开始显现。身体在需要关注时往往会大声呼救，那段时间我的身体就经常这样做：我的牙龈有问题（直到今天我仍需注意），而且消化系统也明显失调。我的身体无法长期承受这样的压力，所以29岁时，我开始了一段漫长的康复之路。

作为一个要么不做，要么就全力以赴的人，我钻研了各种烹饪书籍，尽可能多地学习关于营养的知识，以帮助自己克服对某些食物的恐惧。我烹饪、烘焙，切碎并混合了所有我能接触到的"可怕"食物，希望我的身体能够恢复，内在压力能够得以释放。至今，这段经历仍极大地激励着我，我始终渴望学习更多有关营养的知识，了解它对我们身体和心理健康的影响。

食物的魔力

食物的神奇之处在于，它不仅有助于维持身体健康或治愈旧伤，还能降低压力水平并改善心理健康。如今有很多研究都会告诉你，哪些食物可以提升情绪、帮助集中注意力和减少焦虑。理解身体对食物反应的第一步便是，意识到我们在吃些什么。我并不认同那些宣称可以让你拥有平坦腹部或消除双下巴的饮食方案。我感兴趣的是营养，以及什么才是滋养我们身心的最佳方式。我还发现，烹饪是一项非常令人愉悦的活动，它需要全神贯注，几近于冥想。我最喜欢的事情莫过于有条不紊地按照复杂的蛋糕食谱进行操作：我的思绪只集中在计量上，而非外界的压力。

有助于减轻压力和焦虑的食物

如果你想降低压力和焦虑，这里有一些可以帮到你的食物：

1. 绿叶蔬菜。它们富含镁。
2. 坚果、由植物种子制成的食品和全谷物。它们能慢慢释放能量。
3. 富含锌的食物，比如腰果、蛋黄。
4. 红薯。红薯是营养丰富的碳水化合物，有助于降低皮质醇水平。
5. 发酵食品，比如泡菜，发酵食品富含有益的益生菌，能够与肠道细菌相互作用。肠道微生物的变化可以直接影响情绪。
6. 鸡蛋。鸡蛋富含氨基酸和维生素，而这些正是人体应对压力所需的成分。
7. 富含Omega-3脂肪酸的鱼类，比如鲭鱼和三文鱼，有助于身体和大脑应对压力。服用Omega-3补充剂（如果你像我一样是素食者，可以选择素食替代品）对提升专注力和思维清晰度十分有益。
8. 如果你是素食者，还可以用鹰嘴豆代替鱼和鸡蛋。鹰嘴豆富含镁、钾等矿物质，有助于提高认知表现。
9. 在睡前或有压力时，来杯药草茶会让你感到非常放松。我最喜欢的是姜茶。

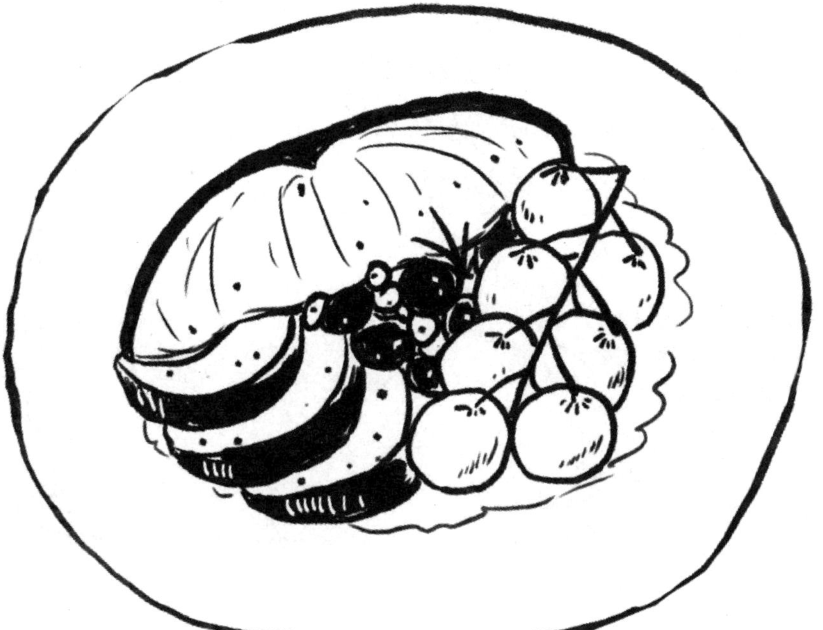

我的饮食日记

记下今天吃的所有东西。写的时候不要带着评判或担忧的心态——我当然不会评判你。在每种食物或每个零食旁边,记下它带给你的感受。是让你精力充沛,还是让你感到平淡、低落或疲倦?

早餐:

午餐:

晚餐:

零食:

饮料:

第三章 健康

如果想了解更多有关食物如何影响情绪和心理健康的知识，可以看看金伯莉·威尔逊（Kimberley Wilson）的《未加工的真相：饮食如何影响我们的心理健康危机》（*Unprocessed：How the Food We Eat Is Fuelling Our Mental Health Crisis*）一书。这是本非常优秀的读物。

让你吃得健康的小妙招

如果觉得改变饮食方案让你感到不知所措,那就试试下面这些既简单又有用的小方法吧:

- 把你喜欢的水果冻起来,早上把它们放进搅拌机,加一勺富含蛋白质的杏仁酱和牛奶,还可以添加一些冷冻菠菜来增加绿叶蔬菜的摄入。
- 我最喜欢的一道简餐是豆汤:把红扁豆、大蒜、生姜、罐装番茄、咖喱粉、酱油和高汤放进锅里一起煮15分钟。它既快捷又便宜,还富含蛋白质、纤维,十分美味。
- 汤可以让你一次性摄入大量丰富的蔬菜,这在寒冷的日子里非常合适。

这里还有个关键点。当心理上感受到压力时,我们就更容易做出不好的选择,例如吃饼干、喝酒、狼吞虎咽,等等。当我感到压力时,我就很想吃素食奶酪片配白面包这些极致加工食品,再来上一杯最甜的、含糖量最高的热巧克力。当压力袭来时,我们会想要得到安慰,而这种安慰通常来自糖和过度加工食品。

当然,偶尔享用一片素食奶酪三明治是没有坏处的,但如果将情绪化进食变成一种习惯,我们可能会发现自己感觉比以前更糟了。

十几岁时,我在电视片场拍摄时也曾靠情绪化饮食度日。那时的我常感到紧张且力不从心,而化妆间里到处都是糖果,于是我会不自觉地吃,吃到感觉有点想吐才罢休。我现在仍然发现,当编辑书稿感到压力时,我还是会不自觉地想要吃巧克力,每一口美味的巧克力都是一次甜蜜的逃避,只会带给自己麻木感以延缓面对压力的时间。

虽然大多数人都会这样做,但如果你认为这对身体有害,或会引发更大的心理压力,那么请在拿起零食前试着暂停一下,感受压力的存在,关注是什么引发了它,然后暂停。这样你也许就能注意到,这种冲动会自然消散。贾德森博士在本书开头就谈到了如何驾驭这股冲动。看看过了一两分钟后,你的冲动是否有所减退。对香烟、酒精或任何其他用来减轻压力的东西,你都可以这么干。

富含精制糖的食物、高度加工的食物都有着极强的成瘾性,所以当我们感到压力大需要安慰时,就会很自然地想起它们。

改变饮食习惯的小妙招

❋ 请记住:不良的饮食习惯也只不过是个习惯而已。记住这个会让我们做出对自己更有益的选择。在将伸向零食的手停下时,你能简单地感受到自己的情绪吗?最坏的结果是什么?注意自己内心那些尖锐的、隐含压力的声音,以及痛苦的感受,但什么都不用做,只是让它们存在。我记得在塔拉·布莱克(Tara Brach)

123

的《相信无条件的接纳》(*Trusting the Gold: Uncovering Your Natural Goodness*)一书中曾说过这样一段话:"告诉你的负面想法和情绪,它们是属于你的,试图驱逐它们只会引发抵抗和紧张,而接纳它们的存在则不会。"

- ❀ 吃些水果或喝一大杯水,而不是去找安慰性食物。对于那些有饮食问题的人,我必须声明,我说的是避免安慰性食物,而不是一天中必要的正餐和健康的零食。含糖的加工食品只会让我们疲惫不堪,它们会对肠道造成压力,导致便秘或消化问题,并让我们陷入渴望的循环。选择那些让你感到活力满满的东西。这并不是要我们否定所有的舒适和快乐,而是去看看怎样吃对我们有益,怎样吃对我们有害。

- ❀ 请记住:这和你吃了多少没关系,也不是要你去限制自己;这是让你做出对自己的免疫系统、消化系统和整体健康有益的选择,以减轻身体和心理上的负担。这样,当你想要放纵一回的时候,比如我享用钟爱的热巧克力时,才能全情地去享受它,而不是为了逃避压力而毫无意识地吞下它。

- ❀ 如果你现在正与饮食失调做斗争,请一定要寻求专业帮助(如果你还没有这样做的话)。祝你在康复的道路上一切顺利。

第三章 健康

动起来

　　我知道这都不需要强调，运动确实有助于减轻身体和心理的压力。我们都明白这一点，但可能并未真正付诸行动。运动形式并不重要：只要能动起来就行。这些年来，我与运动的关系发生了巨大的变化。以前我认为，除非气喘吁吁地跪倒在自己的汗水中，否则运动就没有意义。如今，我的心态全变了。我不想再折磨自己的身体，毕竟过去的我已经受够了那种折磨，而且我知道，温和且简单的运动方式同样有益。

　　我最喜欢的方式就是散步。如果今天的工作安排是在家里写作、录制播客或文字创作，那么我会尽量在午休或一天开始的时候出去走走。每次出行都棒极了，散步归来，我都会收获更好的状态。我常利用这段时间来反思并处理我的压力。就在今天清晨，在送完孩子上学后去散步时，我也这样做了。最近我正在处理一个棘手的事情，涉及几个我觉得很难相处的人，我会在脑海中模拟与他们进行一场争论，想着自己会说些什么。这种情形已在我心底躁动了一周，并引发了轻微的头痛和背痛。在这次散步中，我开始做深呼吸，随着脚步跨过平滑的结冰地面，每走一步都感觉压力减轻了一些。散步给了我们时间，也让我们有机会把自己和压力情景隔离开，从而帮助我们做出适当的回应而非惯性反应。

125

帮助你动起来的一些办法

要让身体动起来，你并不需要进入健身房，也不需要具备很好的体能，亦不需要过度逼迫自己。这可以是一些生活中开心的瞬间：在厨房里随着你喜欢的音乐起舞，与朋友散步，或者如果住在海边，你可以下去畅游一番。你喜欢做些什么？无论是什么，都多做些。

关于平衡的小贴士

如果对自己的身体形象不满意，或正在经历这方面的其他困扰，你可能很难合理安排锻炼与休息。如果发现自己常常过度锻炼，请试着找到一个让你感觉精力充沛且动力十足的锻炼强度，而不是让自己筋疲力尽，或是过度逼自己，从而身心都遭受压力。如果觉得自己难以独自解决，别犹豫，去寻求专业的帮助吧。

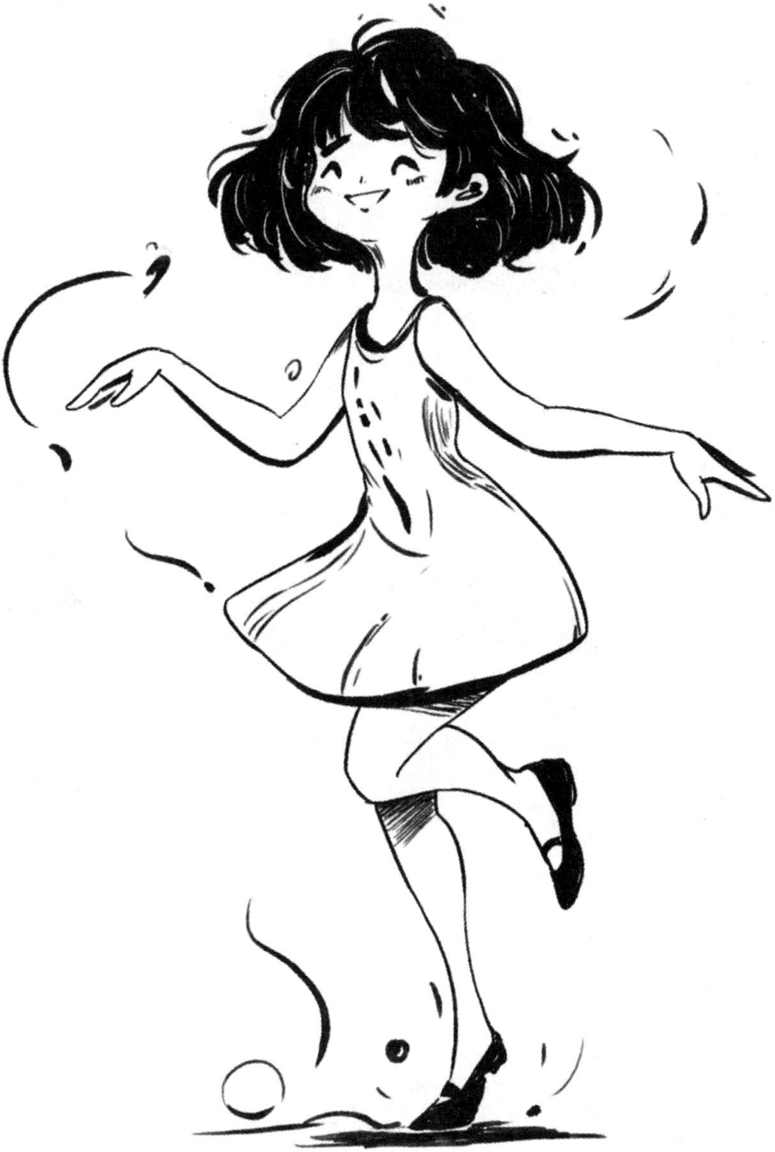

我的运动日记

记下你这周每天的运动量。

星期一:

星期二:

星期三:

星期四:

星期五:

星期六:

星期日:

健康焦虑

目前，我仍在努力应对健康焦虑，健康焦虑极易引发恐慌和慢性压力。

你可能还记得，之前和贾德森博士讨论压力和焦虑时，他提到过焦虑不像压力那样有明确的诱因。如果对自己的健康感到压力，可能是因为一些身体症状或诊断结果，而健康焦虑则不一定和任何症状或已诊断出的问题相关。有时候，健康焦虑只是无缘无故地出现，没有任何实际的身体问题。

最近，在我们的"Happy Place"系列节目"是什么，怎样做（What is, How to）"中，我采访了健康焦虑专家切内尔·罗伯茨（Chenelle Roverts）。她曾饱受健康焦虑的折磨，现在正利用自己获得的知识和经验去帮助他人。她描述了一些症状，比如极度的恐惧、强迫性地在网上搜索症状以及频繁地看医生等等，不管有多少人宽慰她，她都无法相信自己是健康的。切内尔还谈到，由于过度担忧某些疾病，最终引发了真实的身体症状。这种焦虑所带来的压力导致了健康问题，反过来又证实了她的恐惧。虽然这是一种复杂的焦虑形式，但并非无法克服。

与爱丽丝·利文（Alice Liveing）的谈话

个人健身教练、作家爱丽丝·利文在多年时间里，一直受到健康焦虑的困扰，并开诚布公地谈论过这一问题。现在，让我们深入了解一下，找出可能导致她健康焦虑的压力，以及这种焦虑本身又带给她怎样的压力。

问：爱丽丝，请告诉我，健康焦虑是什么感觉？

爱丽丝： 对我来说，健康焦虑是全方位的。这不仅仅是对潜在疾病的一时担忧，而是一种让人无法摆脱的持续担忧，即认为自己病得很重。有段时间，我每周都会多次去看医生，坚信他们一定是漏掉了什么。我感觉自己时刻处于迫在眉睫的危险中。通常这种焦虑会突然出现，并在短短几个小时内逐步加剧，变得无法忍受。

与其他类型的焦虑不同，其他类型的焦虑往往潜伏在心底，而这种焦虑却会让我把理性抛到九霄云外，以一种无法形容的方式控制住我，让我完全无法做任何事情，因为我已经被恐惧搞垮了。

问：这种焦虑是持续性的吗？还是会有波峰低谷？

爱丽丝： 会有波峰和低谷。焦虑总是存在，但有时是短暂的念头，譬如"我头好痛，我一定是得了脑瘤"，这时我还可以迅速找回理智继续生活；有时则感觉"我快要死了"，这时我的大脑就无法相信我没有生病了。

问：最糟糕的时候，你脑子里在想什么？

爱丽丝： 那真是糟透了。最坏的情况要么是我快死了，要么是我得了严重的慢性疾病。就好像我的大脑除了这件事之外，什么都想不到了。这通常还伴随着每天数百次地检查症状，感觉身体是否有肿块，用各种方法"测试"自己，并且上网搜索所有可能的信息，这些都进一步加剧了问题。

问：这种压力是如何在你的身体上体现出来的？

爱丽丝： 通常，当我觉得自己得了某种疾病时，我能感受到非常"真实"的症状——任何症状都有可能。可能是胸口痛、呼吸急促、头晕眼花、头痛、针刺感、肌肉疼痛、疲劳等等。这些症状感觉非常真实和强烈，以至于它们让我无法做任何事情，只能专注于这些症状。

问：你是如何从焦虑发作中缓解过来的？

爱丽丝： 由于我的健康焦虑程度较为严重，目前还需要看医生来帮助我平复。我希望有一天我可以靠自己的理性来告诉自己没事，可我还没有到达那个阶段，所以我经常去看医生做检查，确保自己真的没事。

另外，我也在接受EMDR治疗，据说这种治疗对帮助那些有健康焦虑的人很有用，不过这也需要循序渐进才行。

问：是什么在帮助你应对健康焦虑带来的压力？

爱丽丝： 对我来说，健康焦虑是关于控制的，它源自童年的创伤。我觉得自己需要掌控一切，一旦控制感缺乏，就会引发我的健康焦虑。虽然我正在努力克服这一点，但目前，保持良好的作息、做一些让我感觉良好的事，比如运动、睡眠、营养和社交等对我减少健康焦虑就很有帮助。

减少健康焦虑的小贴士

- 在我们的节目中，切内尔·罗伯茨解释了只选择一个可靠的网上信息源的重要性。陷入网络搜索的无底洞只会让人痛苦，所以选择一个可靠的网站并坚持使用是有益处的。
- 有时，接受医疗治疗对于从焦虑中完全恢复是必要的。治疗费用可能很昂贵，有时也很难约到，因此可以看看是否有慈善机构或社区能够提供相关支持。
- 看看切内尔在我们的油管节目中所提供的呼吸技巧吧。这是一种有助于平静神经系统的方法，当你陷入焦虑状态时，它可以减缓身体症状。具体方法是"两短一长"：两次短促的吸气搭配一次长长的呼气。
- 另外还需记住爱丽丝的建议：保持适合自己的作息习惯，吃得健康、与朋友联系以及尽可能地活动身体。

灵魂的疲惫

在这里，我得感谢我的朋友唐娜·兰开斯特，是她找到了合适的词——灵魂的疲惫——来表达那种我和许多人都经历过的感受。当你觉得生活被抽干了的时候，你可能会感到无聊、无力、情绪低落，但找不到具体的原因。这种感觉的核心可能是悲伤，甚至是抑郁，最重要的是，它一定伴随着巨大的压力。我们不知道为什么会感到如此低落，这种压力和紧张感使我们无法体验到足够的快乐，并且质疑自己为什么会把生活搞成这样。我也经历过这样的时刻，那时候的我感觉周围的一切都没有意义，和快乐断绝了所有联系。这种感觉十分普遍，但通常无法用合适的语言去描述它。在唐娜送给我这个词之前，我把这种感觉称之为"恶心"。

这种级别较低的压力虽不如皮质醇和肾上腺素飙升来得那样强烈，也不似愤怒和感到不公平时那样尖锐，但它一直存在。它就像是一种持续的低频嗡嗡声，逐渐耗尽你的能量，消解你的乐观情绪。在这种情况下，很难确切地分辨出是什么在引发压力，所以我们不妨跳过这一步，直接找到提升快乐和滋养灵魂的方法。

让灵魂歌唱的小妙招

❀ **每周与一位好朋友见面喝咖啡**。还记得我之前提到的马克·舒尔茨和罗伯特·J. 瓦尔丁格的研究结果吗？拥有的社交接触越多，我们就会越感到振奋，长期的身心健康也会越好。

❀ **戴上耳机，一边享受美妙音乐，一边散步**。

❀ **尝试绘画**。你身边有可以体验画画的小店或社群吗？我父母几年前加入了一个艺术俱乐部，他们在参与相关活动时收获了极大的快乐。

❀ **拥有短暂的觉知时刻**。在"Happy Place"所举办的活动中及应用程序上，我与许多冥想老师合作过，他们教会了我这些非常有意义的短暂瞬间。你可以设置一个闹钟，在接下来的两分钟内专注于你能闻到的气味、听到的声音、看到的景象、品尝到的味道和感觉。这些觉知时刻可以让我们摆脱无尽的沉思，更多地进入到当下。

❀ **互帮互助**。滋养灵魂最简单的方法之一就是帮助别人。帮助有需要的朋友或亲戚，或者报名参加本地的志愿服务项目来帮助社区中有需要的人。即使只是给一个经历人生低谷的朋友发条短信，或是寄一张手写的明信片来表达你的关爱，都会改善你的情绪。

❀ **写作**。为什么不每天或每周写个日记呢？你可以自由地把所有的负面感受都写在纸上，但也要包括你感到快乐或感恩的事情。列出你的梦想和愿望，制作心情板，这样做有助于你找到让自己感到快乐的事物。

❀ **听有趣的故事**。确保对自己听到的内容进行筛选。它是让你感到轻松愉快，还是感到恐惧和低落？选择听那些让自己感觉越来越好的音频内容。

❀ **尝试新事物**。不一定要非常刺激或与众不同的尝试，它可以是第一次在咖啡馆与陌生人聊天，改变你往常的午餐习惯去一家新的餐厅。体验新事物能让我们在心理上更加灵活，增加挑战自我及成长的机会。

连接与创造

我一次又一次地发现，创造力是让人感觉振奋、获得活力的捷径。即使你不认为自己是一个有创意的人，生活中也有很多机会可以增加自己的艺术细胞和创意因子。我更擅长创意工作，而非学术研究。我的大脑里总是充满了各种想法，而且迫不及待地想要实现这些想法。我最喜欢做的事情莫过于绘画、写诗、想各种点子。我非常庆幸与感激自己拥有这样的创造力，它是我情绪低落时的支柱。试着与朋友、家人一起去进行创造性的活动吧，当然也可以参与网络社群或线下社群组织的相关活动。激发创造力对灵魂来说是一种真正的安抚，有助于建立联系，从而减轻身心压力。

让你灵魂歌唱的事物

1 ....
2 ....
3 ....
4 ....
5 ....
6 ....
7 ....
8 ....

这周至少尝试参与清单上的一个活动。与其不停地刷手机,不如给朋友打个电话聊聊。周末没有计划时,正好做做让你感到兴奋的事情。总之,做那些让你感觉良好的事情,减轻压力带来的低落感,让你的灵魂开始歌唱。

对世界充满新奇感

我们在成年后常感到平淡无聊、灵魂疲惫,其中一个原因就是我们已经失去了发现新奇的能力。小时候,我们会睁大眼睛,满怀好奇地看着蚂蚁列队行进,抬头仰望夜空,心中充满了无数的问题。长大成人后,我们不再注意蚂蚁,也懒得抬头看星星——我们对周遭的一切,对世界的美好变得麻木了。

因为最近一直想着要重拾对世界的新奇感,所以在昨天跑步时我特意四处看看,调整心态。在路边的一块杂草丛中,立着一朵高大、优雅的灰粉色花朵,那是我见过的最美丽的粉色之一。我本来很可能错过那朵花,而把注意力集中在待办事项上,但昨天我没有那么做。我们必须重新训练自己的大脑去发现美丽与"奇迹",并养成这样的习惯。

当我们用孩子般的眼睛看世界时,我们就可以重拾好奇心,发现身边的美,感到与宇宙的万事万物相连,这样压力就有可能会减少哦。

正念已经以不同的形式存在了几千年,过去的10年里,由于人们开始关注健康话题,这个词被频繁提及。你可能在书中读到过,或是在播客中听说过,但对它仍没有一个真正清晰的概念。其实,正念只是完全专注于你正在做的事情,无论是静静地坐着思考,观察周围的世界,还是全神贯注于某项工作。它并不复杂,甚至你可能已经在不知不觉中练习正念了。正如贾德森博士在本书开头讨论的那样，正念应该是一种让人感觉开放的活动或实践，它能让你保持稳定且冷静的专注状态，不让思绪漂移。这种开放的感觉让我们感到连接、活力四射、浑身轻松。

我的朋友，瑜伽老师泽弗尔·怀尔德曼（Zephyr Wildman）认为，"正念"这个词有可能会导致误解，因为我们实际上要减少的是头脑中的思绪。她在自己的瑜伽课上常用"觉醒"这个词来替代"正念"。我常通过绘画来觉知自己的正念或觉醒时刻。感知画笔在画布上运行的流畅感，或是铅笔接触纸面时细腻的触感，这个过程足以让时间放慢，缓解飞驰的思绪，让我完全沉浸在当下。任何能够平静大脑并让你专注于某个特定场景的活动，都可以归为正念的一部分。

如果你仍发现自己思绪纷繁，或是想法还在一个个地随机往外冒，请别担心。只需意识到你的思绪正在奔腾，就是一个很好的开始。我们在寻找的是觉知，而不是完全空白的头脑。

你正在做的正念练习是什么？

做完感觉如何？

多久会进行一次练习？

能增加练习次数吗？

如果还没开始正念练习，做些什么会让你感觉快乐呢？

压力让我像只发狂的奶牛猫：通过细微的改变让自己感觉更好

开怀大笑

当压力袭来时，首先消失的就是你的幽默感。我们会陷入灾难化的思维模式，看不到生活中的趣味。在此我必须声明，有很多压力源需要被严肃对待，但某些时候，生活中总是有幽默发挥的空间。

最近，我采访了喜剧演员法茨·廷博（Fats Timbo），他成长于一个重视幽默的家庭。他和家人去特内里费岛的旅行很好地说明了这一点。当时他们全家错过了回家的航班，他们记错了时间，整整晚了一天，对此全家人却疯狂大笑了半个小时。法茨在我的播客上讲起这个故事，对我来说这无异于当头棒喝。我知道，在类似的情况下，我可能会变得手忙脚乱，甚至还会哭。有了麻烦，我选择用制造压力而非幽默去面对。每当发现自己又忽视了生活中有趣的一面时，我就会想起他的故事。幽默地看待生活是可以培养的习惯，我们可以练习选择从另一个角度去看待事情，让自己开怀大笑。

还记得自己上一次真正大笑是什么时候吗？每当我和儿时的小伙伴聚在一起时，我就会退回到14岁左右，陷入疯狂大笑中。我们最近一起吃了顿晚饭，笑得脸都疼了。

那次晚饭后，我振奋了好几个星期。这激发了我内心顽皮的心态，让我去寻找下一个能让自己大笑的事物。一切似乎都变得更加有趣，也不那么严肃了。看来，笑声是可以传染的。

有谁或是什么事最容易让你开怀大笑?

....

....

....

这个星期,请努力花时间和那个让你开怀大笑的人在一起,或者观看那个让你哈哈大笑的电视节目,这是减轻身心压力最有趣的办法。

第四章　控制

许多压力源于控制感的缺乏，或是试图去获取控制权。对我来说，失去控制会让我紧张，暴露出最糟糕的一面。我喜欢看上去整整齐齐的世界，凡事有清单和时间表可以依照，知道什么时候在哪里会做什么事，生活事务要井井有条，衣服要叠放整齐。朋友和家人经常提及我在日常生活中所展现出的自律性：即使在不断变化的日程和工作中，我的日常安排也像钟表一样准确。然而，亲友们没有看到的是，这些所谓的秩序都是我获取安全感和减轻压力的途径。因此，每天早上的咖啡必须按照同样的方式制作，每晚那套包含各种细节的睡前程序也必须执行，否则我就会濒临崩溃。一旦感到失控，压力水平就会急剧上升。可现在，我时不时觉得，这种僵化的习惯阻止了我去体验新事物，也不利于我培养应对压力时所需要的心理灵活性。

坦率地说，生活中有很多事情是我们无法控制的，从天气到他人的行为，再到全球性事件和系统性问题，所以压力总会存在。在意外发生时如何去应对，是我们唯一能控制的部分。有些人通过秩序井然的日常安排来获得安全感，而另一些人面对意外却倍感轻松。造成这种不同的原因可能是我们的成长环境，以及之前所遭遇的挑战。

你是否每天事必亲力亲为地管理着每一个生活细节，从而获得掌控感？还是在面对意外时依旧安之若素？请在下面写下你的想法。

第四章 控制

家族模式

对于生活中的曲折，我们的反应模式通常能反映出自己从父母那里学到的东西。

只要涉及是先天还是后天，争议就会随之而来，但我确信，大多数人都能从自身的行为模式中看到自己成长期间生活的样子。去年，我母亲作为嘉宾参加了"Happy Place"播客，并讨论了代际模式。这次对话让我有机会问她一些以前从没问过的问题，也让我更加了解了她和外祖母。在母亲的整个童年时期，外祖母西尔维娅（Sylvia）患有抑郁症和焦虑症。她在18岁时生下母亲，并在母亲童年时经常去精神科看病。外祖母的情绪时常难以捉摸，所以母亲有时会感到困惑。外祖母的心理健康受到战争的影响，那些经历让她的内里满是疮痍。作为在第二次世界大战期间长大的孩子，外祖母从伦敦被疏散到威尔士，与一个后来常虐待她的女人住在一起。在这期间，她的姐姐还死于结核病。外祖母的创伤一直未能得到妥善的处理和治愈，心理健康因此受到严重影响。在播客中，母亲还谈到了外祖父的焦虑。他对安全过于谨慎，会多次检查门锁是否锁上，他给门装上了很多把锁，还让母亲和阿姨演练在高速公路上遇到车祸时该怎么办。母亲的童年经历影响了她后来对压力的应对模式。我完全理解她们所经历的一切，不仅如此，我也能看到这些模式是如何渗透到了我的生活中。源自家族的习得性行为和对压力的反应似乎是不可避免的。

你能看到自己承袭自原生家庭的行为模式吗？这些模式是否影响了你在失控时的反应？在下面写一点关于这方面的内容，如果觉得有帮助并且可行，你是否能与家人对话，看能不能把事情的来龙去脉弄清楚？

帮助打破压力模式的小妙招

❀ **追溯这些模式的起源**。试着去了解你的父母，或成长过程中的照顾者是如何应对压力的。请不要有任何的责备或怨恨，每一代人都已经尽力了，毕竟这些模式可能已经传袭了好几代。记住：这不过是一种习得性行为，是可以被重新塑造的。虽然改掉多年来根深蒂固的行为模式可能并不容易，但总是有改善空间的。总之，只要意识到这是习得的，你就已经迈出了成功的第一步。

❀ **请激发你的好奇心**，想想自己是何时开始利用这些习得性行为去应对压力的。当我们对自己的行为和模式感到好奇时，我们就会减少自我评判。压力山大的时候，就别再自我厌恶了。

❀ **注意你对压力的反应**。当再一次习惯性地去应对压力时，你不要马上就想改变这种反应，只需注意你那一刻的感受。这些惯性反应有没有让你感到愤怒、失控、害怕，或是感觉自己是受害者？当我承受压力时，我感觉自己的世界正在崩塌，一切都不对劲儿，但这种感觉通常与我实际的经历是不一致的。能够精准地定义这些感觉，便可以开始破解整个过程。开始时，只需留意到这些感受。如果刚开始就指望立竿见影，那么当没有及时获得反馈时，我们就可能会放弃。

恐惧症和恐惧

代际创伤，或是过去的苦痛都可能导致恐惧症。无论是蛇、蜘蛛、狭小的空间、高速公路、飞行、站在高处还是面对大海，恐惧的事物有很多种。恐惧症与恐惧的区别在于，恐惧是对某些可怕或危险事物的正常反应，而恐惧症则是即便在没有危险时，也会出现极度惊恐的反应。

应对恐惧症的治疗方法包括暴露疗法和认知行为疗法。暴露疗法是通过让人们面对自己的恐惧来获得控制感。认知行为疗法是通过调整思维、信念等来改善情绪的。认知行为疗法可以有效减少焦虑，帮助人们应对恐惧症、创伤后应激障碍、抽搐和抑郁症，还可用于治疗药物滥用。另外，还有一种办法是身体疗法，它关注身心的互动，包括呼吸练习、冥想、身体抖动、舞蹈、按摩和其他形式的身体运动。身体疗法可以缓解肌肉记忆和体内的紧张与压力，从而创建新的神经通路并形成新的习惯。

这是几种有效的治疗方法，如果觉得对你有帮助，可以继续深入了解。如果恐惧症让你感到无力应对，我强烈建议寻求专业帮助，因为专业的治疗过程会更为高效。但即使没有专业帮助，你仍可以通过一些简单的方法来管理和应对恐惧症带来的压力。

减少恐惧症相关压力的小妙招

❈ **记住：克服恐惧症是可能的**。曾经有段时间，我特别害怕开车上高速，并一度觉得自己永远无法摆脱这种恐惧。于是，我接受了自己再也不会开车上高速的现实，毕竟，放弃希望比直面恐惧更容易。5年来，每当我不得不拒绝家庭聚会或朋友的邀约时，我都感到沮丧并且压力丛生。不过，我想再说一遍，克服这类严重的恐惧是可能的，因为我现在已经可以相对轻松地开车上高速了。虽然有时还会有一丝恐惧浮上心头，但我现在已经可以把它搁置一旁，继续前行了。我天生是个容易焦虑的人，所以如果我都能做到，相信你也一定可以。

❈ **把你的恐惧说出来**。我们把内心的恐惧埋藏起来时，会下意识地将其放大。仅仅想到高速公路就会让我犯恶心，所以为了控制这种感觉，我把它们埋在心头，将其推到思维的底层，忽略这些感觉，而不是对其产生好奇。可随着时间的推移，我逐渐意识到，尊重这些感觉是重要的，只有这样我才能更好地了解它们。我需要大声说出来："我害怕在高速公路上晕倒，发生致命车祸。"这才是我需要挑战的根本恐惧。如果不去承认自己最坏的想法，那么就无法得到治愈。

❈ **别太难为自己**。克服恐惧症可能需要数年时间，但值得一试。长路漫漫总比停滞不前被它压垮要好。慢慢来，温柔对待自己；根本不需要急于求成。

❀ **写日记，记录你的进展。** 两年前，我终于载着一个朋友上了城际高速公路，开了20分钟。虽然在这期间有阵阵恐慌袭来，但没有全面发作。这次体验对我来说意义重大，给了我极大的信心再试一次。记录这些时刻，让你能够时刻了解自己的进步。

❀ **与正在经历类似情况的人交流。** 我后来遇到了很多同样害怕开车上高速的人，这让我感觉不再孤单。在经历特定恐惧症带来的压力时，很容易觉得自己是唯一一个有这种烦恼的人，但其实，你永远不是一个人。

习惯

人类是按照习惯生活的动物，我们的日子由一系列熟悉的活动串联在一起。有些习惯是有益的，比如刷牙；有些习惯是无害的，比如每天喝杯咖啡或是沿着某条路线通勤上班；而有些习惯则是有害的，比如吸烟、过量饮酒或暴饮暴食。良好的习惯通常需要时间来养成，因为我们必须一遍又一遍地重复这个动作，直到大脑记住它的好处。例如，如果想养成锻炼的习惯，我们必须在开始时付出努力并坚持几周。形成一个好习惯的最初阶段需要意志力和努力，但随着时间的推移，大脑会习惯这个想法，所需的努力也会减少。正是这种重复性和习惯产生的实际效果，让大脑有了维持下去的动力。因此，当发现自己的精神和身体状态在锻炼后比以前更好，我们也就会更努力地坚持下去。

最近，我在"Happy Place"播客中采访了杰森·德鲁罗（Jason Derulo），其间他就如何保持良好的习惯给了我一些非常实用的建议。他认为，良好的日常作息是他成功的关键，因为它消除了情绪的干扰。他说，规律的日常作息意味着无论是否愿意，每天都做该做的事，你不会因为某天早上不想刷牙而不刷。

对于坏习惯，我们一开始并不需要投入太多的努力。坏习惯通常是对压力、痛苦、不适、无聊或不堪重负的条件反射。我们的脑袋想要逃避，而坏习惯则允许我们暂时绕过本该面对的东西。

如果感到非常紧张，我们可能会拿起手机，无休止地刷社交媒体上的照片以瞬间麻痹这种感觉，分散自己的注意力。如果在工作中感到不堪重负，我们可能会抓起一包甜食来安慰自己。在这些压力时刻，我们通常会选择有害的习惯，而不是积极的习惯，因为有害的习惯需要付出的努力要少得多。我们往往还会忽视或习惯了这些不良习惯带来的副作用，例如宿醉、严重的咳嗽等。即便副作用明显，重拾坏习惯的冲动依旧会压过随之而来的担忧或痛苦。你可能会发现，自己通过饮酒、吸烟、过度刷手机、暴饮暴食、网购、赌博或节食来暂时麻痹压力，这就和说别人坏话一样简单。当然，在压力时期我们还会有许多更加极端的有害习惯，例如暴食症、自残等，这些需要专业指导来戒除。

多年来，当受到压力刺激时我会暴食，并在暴食后催吐，这成了我在失控时的拐杖。但具有讽刺意味的是，这种习惯让我更加失控。暴食症通常不仅仅是一个坏习惯，它还被归类为一种心理疾病和饮食障碍，但对我来说，这种行为不过是习惯成自然，熟门熟路地为我提供了一种模糊的安全感。我后来才了解到，这种寻求缓解的技巧实际上没有任何安全性，真幸运我能得到治愈。

当你感到压力时,有没有什么有害的习惯?

....

....

你认为这个习惯对你有什么负面影响?

....

....

紧张时,我有时会使用社交媒体来逃避。当无意识地刷着远处沙滩的照片,或是某些永远不会尝试的化妆教程时,我的注意力被分散了。然而,精神上的逃避之后,我实际的感觉更糟糕了。

让我们重温一下贾德森博士早先说的话。他教我们,如果有陷入负面习惯模式的冲动,我们可以暂停一下。与其立即拿起香烟、手机或酒杯,我们可以学会忍受这种不适感。试试看吧。我们都对电子设备上瘾,所以下次又想查看电子邮件、刷社交媒体或浏览新闻网站时,请先停下来。体会这种冲动给你的感觉,它可能是不适、一阵兴奋、烦躁或坐立不安。只需感受就好,它可能让你不舒服,但不会造成实际的伤害。

压力让我像只发狂的奶牛猫：通过细微的改变让自己感觉更好

暂停下来让你感觉如何？有什么涌上了心头？

帮助你忍耐冲动的小妙招

❀ **暂停并呼吸**。专注于你的吸气和呼气,即使只关注10次也可以。短暂的正念时刻有助于平静你的神经系统,并重新校准你的思维。

❀ **对你感受到的压力保持好奇**。思考自己想逃避什么?

❀ **要有同情心**。自我同情非常重要,这样你才不会陷入自我厌恶。你的压力是否有其合理性?虽然总有人面临比你更紧张的情况,但这并不意味着你的感受就不重要,就不值得体会。感受它们,对它们产生好奇,练习自我同情。

❀ **想一想那些不良习惯带给你的感觉**。除了短暂地缓解压力,你会感觉疲惫吗?情绪还低落吗?开始讨厌自己了吗?

❀ **做点别的来代替坏习惯**。去散散步怎么样?听听音乐,或者写下你的感受。

❀ **记录你的进展**。任何形式都可以,试着记录你的表现,不要因为没能立刻摆脱负面习惯而感到沮丧。如果有一天你没能坚持住,也不要担心。即使只是让坏习惯有所减少,也是很大的进步。

❀ **找个伙伴陪你一起**。如果你有一个朋友或亲戚同样希望改掉坏习惯,那就与他结为合作伙伴,互相加油打气,并在艰难的时刻陪伴彼此吧。不需要拥有一样的好习惯,只需大家都愿意尝试做出积极的改变就可以。

❀ **改变某些行为需要应对他人的质疑。**我在30多岁时曾戒酒一年，在参加派对或婚礼时就经常被问到这个话题。我会用练习好的回答来应对，解释说戒酒是有好处的，然后把话题转移开。当你试图戒掉有害习惯时，来自小伙伴的压力对你没有好处。有些人会希望你和他们一起抽烟喝酒、暴饮暴食或闲聊八卦，因为有你陪伴会让他们感觉更好。这时的你需要全神贯注地让自己停下，想想自己做出这一改变的初衷。

❀ **与某人谈谈你的感受。**如果你真的难以改掉某个坏习惯，请坦诚地向某位亲人或好友谈谈这个习惯背后所蕴藏的情感。你感到害怕吗？孤独吗？有些崩溃吗？大声说出来是能减轻压力的。当我开始从暴食症中恢复时，我发现自己很难开口谈论这件事，觉得谈论它很尴尬。我知道自己感到害怕，担心失控。还好，随着时间的推移和反复练习，我现在已经可以轻松地提起那段生活了。我现在一点也不感到尴尬了，这段经历反而会让我与经历过类似情况的人建立起联系。如果你觉得自己无法向他人提及自己的感受，那就试着对自己大声说出来吧。即使只是听到自己的声音在表达这些感受，也能减轻隐秘感和羞耻感。

祈祷

我不是宗教信徒，也不向某个神灵祈祷，但我一直在寻找精神上的连接。非宗教性祈祷的奥秘在于，这是一种将控制权交给比我们更强大的存在的行为，且不需要遵循某种特定的教义。在压力时刻放下自我，寻求冥冥中的帮助或指导可以带来巨大的安慰。

非宗教性的祈祷可以大声说出来，这是一个请求支持或指导的时刻。不要太纠结于在和谁说话，你可以向宇宙、已故亲人的灵魂，或者只是冥冥中的什么求助。那些比我们更强大的东西也存在于我们内心，因此你也可以向自己的心灵请求指导和支持。你可以把祈祷写在笔记本上，或者只在心中默念。没有固定的规则，只需请求指导就好了。祈祷并不意味着你能立刻得到答案，但你可能会感到压力有所减轻，有种得到支持的感觉，在未来你可能会冒出新的想法或点子。

我认为重要的是，我们不应仅仅在感到压力时才祈祷，也应该在想表达感激，或只是想大声说出想法的时候祈祷。祈祷的次数越多，这种行为就越自然，与我们当时的感觉无关。你可以祈求帮助、指导，或为任何让你觉得顺其自然的事情而祈祷。

最近大家对灵性的兴趣激增，其实灵魂崇拜或信仰是最古老的减压方法之一。如果你是信教人士，你会有自己的一套祈祷方法和仪式；如果没有，不妨尝试一下，找出最适合你的方式。

在承受巨大压力时，我们可能会祈愿好事降临，诸如希望身体健康、亲人平安。这样做没有任何问题，但需要知道的是，祈祷并不一定能奏效，结果有可能好，也有可能不好，谁也说不准。当我感到压力或经历挑战时，我更喜欢祈祷能获得渡过难关的指引或力量。这并不意味着我寄希望于什么虚幻的东西，而是这样做会让我把焦点放在应对压力，而不是改变外部境况上。这个办法屡试不爽，每次都会让我感觉轻松一些，仿佛压力被稀释掉了。

你祈祷过吗？

如果你想尝试，可以在下一页写一小段你想祈祷的内容。没有特定要求，请自由地书写。

第四章 控制

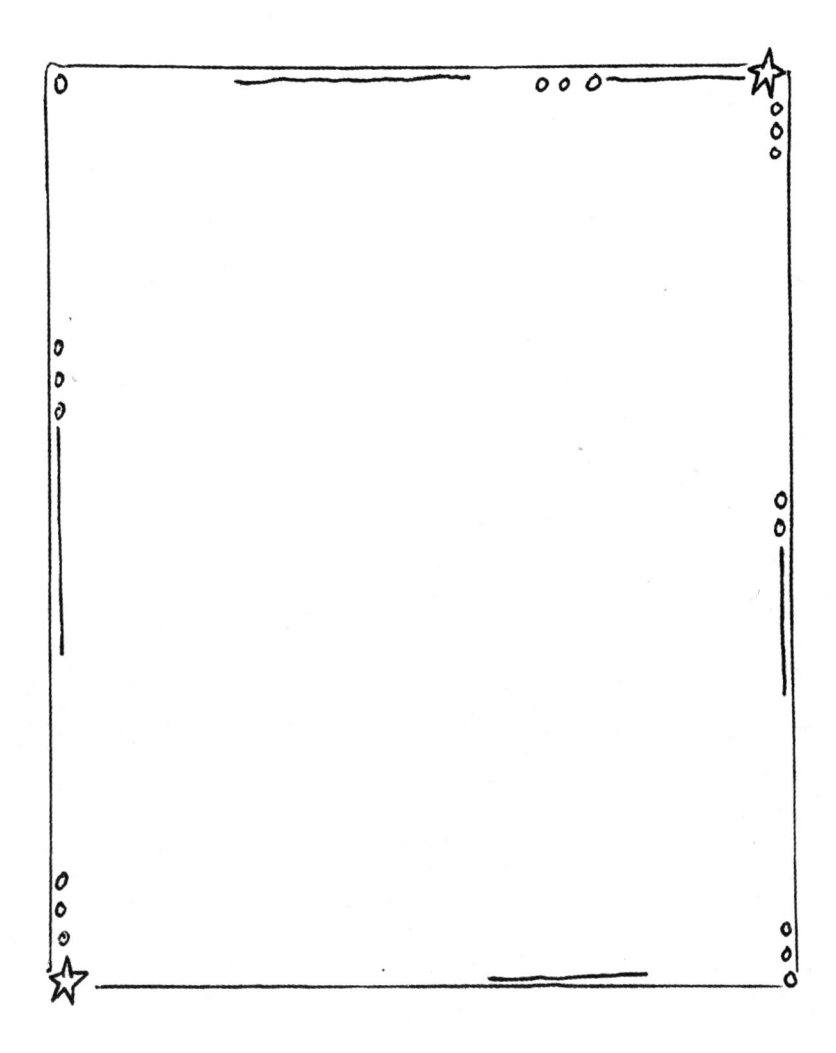

关注外界

日常生活中总是存在着一个无法控制的因素，那便是别人会如何看待我们。我常因担心别人对我的看法而倍感压力。但由于工作性质使然，别人的看法不可避免，尽管从15岁起我就已进入公众视野，但对此我依然感到非常不适应。这时候你可能会想，那我为什么还要待在这个领域。如果觉得这么烦人，为什么不找一份能让我不暴露在公众视野，也少些压力的工作呢？有时我也会问自己这个问题，但我太喜欢这个工作了，因此暂时愿意忍受这些不便。

不仅如此，我还挺喜欢应对这种压力挑战的。身处公众视野中，无法控制他人对我的看法，这迫使我学会放下自我，随遇而安。我不能过度执着于自认为的自我形象和他人眼中的我。著名心理学拉姆·达斯（Ram Dass）有一句名言："是时候彻底看清你自身处境的荒谬之处了，你并非你以为的那个自己。"我们认为的自己，或是他人告诉我们的自己，仅仅只是真相的一小部分或是别人的看法。对自己保持好奇，是我们能够拥有的最广阔、最令人兴奋的心态之一。

还须记住，每当有人言语攻击或批评我们时，这与我们无关，而与他们自己有关。下次当你遭遇外界的负面评价时，看看能否察觉到对方言语背后的痛苦。那些吹毛求疵的人，用言语攻击或评判别人的人，都是在痛苦中挣扎的人，一个幸福且自足的人是不需要这样做的。

减少因外界评价而带来压力的小建议

❀ **不要在外界评价的基础上对自己进行批评**。给自己施加更多的压力是没有帮助的。首先，要尊重自己感到破碎或受伤的部分，让需要流露的情感自然地流露出来。

❀ **不要抛弃自己**。过去，每当读到有关自己的恶意评论或恶意报道时，我的第一反应总是抛弃自己。我认为这些负面反馈是我应得的，我一文不值。现在的我成长了，我发誓与自己站在一起并坚持自己认定的事情：我是一个善良且美好的人。我会犯错，也有缺点，有时说话不过脑子，但本质上我是一个值得被支持和善待的好人。

❀ **注意到对方的痛苦**。为什么他会对你进行攻击、评判或发表负面意见？他的内心有什么在刺痛他？

❀ **记住，我们无法控制别人如何看我们**。如果浪费精力试图操控别人的看法，我们最终会表现得不真诚且精疲力竭，与真实的自己脱节。你唯一能做的就是做自己。

当然，还要多多发掘并欣赏自己的自我特质，面对外界的看法时，这将会是一道坚固的屏障。请随时把你喜欢的自我特质添加到这个清单上来吧。随着时间的推移，也许你就会发现，你不但更加接纳自己，甚至会爱上那些你以前从未发现过的部分自我。

....

....

....

....

....

第四章 控制

金钱

  我不大喜欢谈论金钱。当开始写这一部分时，我的屁股都开始绷紧了。我想大多数人都不喜欢讨论这个话题，但我相信女性在这方面尤为挣扎。谈论金钱多少有些尴尬，每个人对金钱的态度也非常不同。金钱可能会带给你持续多年的巨大压力，或是给予你自由。这是一个庞大又复杂的主题，许多人觉得自己无法谈论它，有时也确实如此。但还是那句话，我们能够控制的是我们对金钱的情绪反应。

在下面写下你对财务压力的反应。

....

....

  你是在童年时习得这种反应的吗？你的父母或照顾者在你童年时，对金钱有某种特定的说法吗？在你儿时，有关金钱你学到了什么？

....

....

....

167

平等与公平

我们可能因为成长环境而对金钱产生恐惧、憎恨或困惑，但若能追溯这些想法的形成过程，我们就有机会去审视并重塑自己习得的观念。显然，我们在薪酬方面还存在系统性偏见，数据显示，在同工同酬方面，对女性、有色人种和残障人士等的歧视仍旧普遍存在，这种歧视给许多人的收入和财务安全带来了很大的影响。我们不能忽视这种影响，问题急需解决。另外，社会对职场母亲和单亲家长的支持也严重不足，这可能导致这部分人群承受巨大的压力，拥有更少的机会。所有这些都是我们个人无法解决的重大问题，我们能控制的只能是自己对金钱的态度。有时候，我们甚至没有意识到，自己已经习惯了童年或当今社会所灌输的观念，并因此在职场中低估自己的价值，觉得自己不配得到升职、加薪或新的机会。

你认为自己值得更多的工作机会、升职、创业或加薪吗？

....

....

金钱方面的心理障碍往往源于自尊问题，而这可能在童年时期就形成了，或是由工作中的不愉快经历、代际模式以及作为少数群体面

第四章 控制

临的系统性障碍造成的。如果你在成长过程中发现你的监护人面临财务压力，或者反复被告知你没钱，将来也不会有钱，那么你就可能在金钱方面存在心理障碍。也许在小时候听到父母说家里缺钱，这样的信念被传导到了你身上；又或者你被解雇、裁员或被告知在工作中表现不佳，这导致你在相关领域缺乏信心。当信心遭受打击后，你也许很难重建并拥有再出发的动力，但我要告诉你的是，这并非不可能。

接下来，请写下你最有价值的"职业资产"清单，它可以是你的善良、努力工作的态度、创造力、解决问题的能力、职业道德或特定技能。

回顾这份清单，永远记住自己的价值。你越关注它，别人就越能看到它。

作为自由职业者，为自己的工作量化报酬可能会感到别扭又尴尬，但你是唯一能定价的人。在新的工作领域培养起自己的价值可能需要些时间，但你的经验和技能水平应该能为此奠定基础。如果你有经验，有独特或有用的东西可以提供，或者熟练掌握某项技能，不要羞于声明你的价值。如果你作为雇员认为自己应该被加薪，可以考虑将这样的请求提出来。请回顾你的职业资产清单，记住自己的价值。

我的技能和优势

1 ....
2 ....
3 ....
4 ....
5 ....
6 ....
7 ....
8 ....

工作

在工作中不受重用,是许多人感到压力巨大的原因。我们可能会因为刚踏入职场而无所适从,或者觉得在创造力、智力或其他方面比不上同事而自惭形秽。也许我们不同意所在公司的价值观,又或者根本就不喜欢这份工作。我花了20年的时间才觉得自己在工作和生活中有了掌控权,希望听到这话的你会感到鼓舞而不是沮丧。

在创立自己的品牌"Happy Place"之前,我的职业生涯可谓跌宕起伏。显然,并非所有的经历都是不好的,但我的确迷茫了很长一段时间。请跟我一起回到1996年,那时,一个刚刚摘掉牙套的伦敦郊区小女孩第一次走进儿童电视节目的片场。人们对我有一些期待,觉得我应该知道这一切是怎么回事,认为我在大大的镜头面前会如鱼得水。我既兴奋又着迷,但同时也被吓坏了。后来许多年里,我一直怀有同样的心情。我渴望自己融入这个行业,也觉得自己天生就是干这行的。

可几年后,我对自己职业生涯的态度就摆荡到了另一个极端,从极度想要融入到频频感到压力,想要摆脱原先着迷的工作环境。如前所述,我试图通过暴食、取悦他人和夸大自己的性格来减少压力,从而获得控制感。在荧幕前工作的20年里,大部分时间我对于自己的工作都没有话语权。我会拿到剧本、提词器和耳机,并被指导该如何表演。另外,我还承受着巨大的外貌压力,无论是身体还是穿着都会被人指指点点。我在屏幕上所展现出来的个性大概只有真实自我的20%。

当然，那些年里也有过快乐的时光和非凡的时刻，我遇到了许多我非常崇拜的人，还环游了世界，但我还是几乎没有任何掌控感。然后，一系列极具挑战的心理状况出现，导致我陷入了严重的抑郁。我最终离开了那些让自己感到最为受限的工作。我感激那些工作，但也需要从中解脱。跳出以往的生活，我进入了没有方向和安全网的状态。

新的职业生涯被我称为第二次机会，其中最好的部分莫过于我有了更多的掌控权。我不会被解雇，不会被告知该穿什么，该怎么说话，或者讨论哪些话题。新的事业需要大量的工作和奉献，但现在我感觉自己在掌舵，也更加快乐了。其中并非没有压力，毕竟建立和经营一家多方面发展的公司常常会让人感到疲惫，甚至难以为继，但我相信这一切都是值得的，因为我对自己所做的工作充满热情。

你在工作或生活中感到失控吗？

_____

_____

_____

为什么？是谁或是什么控制着你的工作或生活？

....

....

....

让你在工作中获得更多掌控感的小妙招

❀ **让工作成为一个愉快的空间**。如果不喜欢现在的工作，又无法改变现状，可以梳理一下自己在工作中的人际关系。是否有一个或多个你每天都会联系的人？改善工作中的人际关系会让工作体验变得更加愉悦，并且能帮助我们重新掌控自己的压力水平。建立健康的工作关系需要付出努力。靠近那些让你感到振奋的人，设定边界远离那些让你不舒服的人。

❀ **寻找你的使命**。"使命"这个词听起来有点自命不凡和宏大，但其实并不是这样。找到你的使命并不需要像创造系统性变革或拯救生命那般富有戏剧性，它也许只是每天让你周围的人感到开心而已。

❀ **有想法时要勇敢说出来**。如果你目前在工作中感到没有存在感，或被他人低估，那就让自己被听见。说出自己的想法可能会让人觉得无所遁形，因为想法不一定会被接受，但这绝对是值得尝试的。多加锻炼，这个过程就会慢慢变得容易起来，如果想法没有被接受，我们可以从中学会更好地应对拒绝。

❀ **掌控自己的生活**。如果因为无聊而不想继续工作，那便在工作之外培养兴趣爱好，并尝试找到二者之间的平衡吧。当我无法投入工作时，我就会在回家后整晚画画。这种办法的减压效果很棒，还让我感到充满活力并与周围的一切紧密相连。

❀ **勇敢地去梦想**。我们可能会觉得，给自己画大饼是件愚蠢的事。可小时候，我们总是被问："你长大后想做什么？"那时候的我们被鼓励要大胆畅想未来。我们可能会说自己想成为宇航员、芭蕾舞演员或科学家。不要觉得伟大的梦想是愚蠢的。你真正想做的是什么？光阴短暂，人生苦短，不值得浪费在一个让你感到整日消耗的工作上。

完美主义

完美主义是最狡猾的特质之一，它会不经意地在许多方面阻碍你，然后在你还没来得及觉察的地方引起压力。追求完美是我们常用的一种控制手段，希望通过将任务或项目做到极致来让自己感到圆满。然而糟糕的是追求完美是永无止境的。没有哪个时刻我们能够退一步说："是的，我已经达到了全然的完美。"即使是那些追求完美表现以赢得金牌的顶尖国际运动员，也无法长期摆脱内心的恐惧、自我怀疑和压力。

此外，我们可能还会用完美主义来保护自己。对此我深有体会。通过与许多聪明人交谈，我现在更清楚地看到，自己对完美的需求是一种预防未来灾难的方式。可惜的是，确保厨房用具都朝同一个方向摆放，并不能阻止我当天收到停车罚单；制作一期完美的播客，也无法避免孩子们在做作业时大发脾气。讽刺的是，追求完美以减少压力实际上会导致更多的压力。它不仅耗费精力和时间，还常会导致怨恨。如果不引起注意，完美主义会导致整个人精力耗竭，这将是我接下来更深入讨论的主题。

帮助你放下完美的小妙招

❀ 回顾自己从生活中那些不完美的部分中学到了什么。也许你曾经历过分手，或在工作中犯过错，这些不理想的时刻里总有可以学到的东西。在混乱中所能学到的东西比在完美中要多得多。

❀ 给自己一个休息的机会。没有谁每天都能表现完美。有时候，我们只需做到普通，甚至及格就行了。我们需要休息，保持平衡。地球上没有哪个人能做到事事完美。

❀ 下次当你发现自己在追求完美时，检查一下你的压力水平。如果不完美，你认为会发生什么？会被拒绝？被责骂？还是被羞辱？了解这些潜在的信念，质疑它们，因为它们并不总是正确的。

❀ 欣赏你的独特之处。天哪，如果每个人都完美且总做对的事情，这世界该多么无聊啊！无论你认为完美与否，为自己独特的部分加油吧！你可爱的脸庞，偶尔的磕磕巴巴，你的怪癖，所有的一切构成了如此独特的你。

❀ 不要被未来那个完美的自己所蒙骗，也不要认为当你实现这种所谓的完美时，你就会感到更快乐。这是一个可怕的循环。接纳现在的自己是减少压力的更快方式。

- **允许自己不完美。**接受自己身上那些你觉得难以面对的部分，尽管感到不舒服，但不要抛弃它们。允许事情有些混乱甚至一团糟，这没什么的。
- **记住：完美救不了你。**

应对多重任务

和一些正在阅读本书的读者一样，我也是一名职场妈妈。社会对职场妈妈的期望使我们肩上的压力极大。我们要养育出完美的孩子，他们吃得健康、谈吐得体、睡眠极佳、学业优秀。同时，我们也是第一批有机会成为CEO、领导者、企业创始人、经理的女性。我们不仅需要在这些新领域中努力证明自己，还要为后辈开辟道路。哦，对了，在此过程中还要保持社交生活。

去他们的！我们不可能做到这一切。对于那些单亲爸爸或妈妈来说，这种压力更是难以承受。试图实现这样的壮举只会带来巨大的压力、无尽的倦怠和彻底的失败感。我最近看了一场美国编剧、制作人和作家珊达·莱梅斯（Shonda Rhimes）的精彩演讲。她充满激情的演讲让远在伦敦的我在手机屏幕前站了起来，为她欢呼。她承认，每当她在工作上做得很好时，她都会错过在家里与孩子们一起读故事的时间；每次她为孩子们缝制万圣节服装时，她都会在工作上落后。她对于自身处境的分享，让我在面对类似压力时不再感到孤独。我们本就无法做到面面俱到。

减轻压力的方法

这些天我喜欢把自己的生活看作一个饼图。我们每个人只有一个自己,如果想减轻负担的话,如何分配我们的时间至关重要。如今,我的时间分配饼图看起来是这样的:

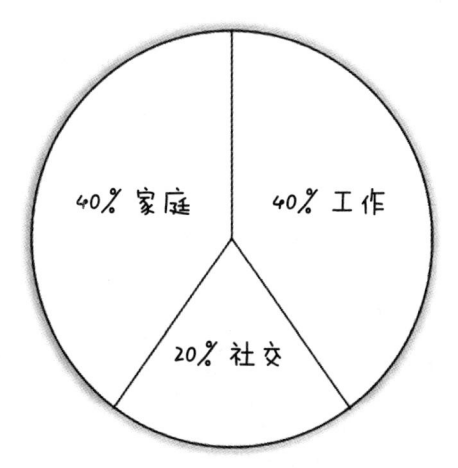

（饼图：40% 家庭、40% 工作、20% 社交）

优先事项是家庭和工作,这是我自己决定的。你的优先事项可能会与我的不同,这没有对错之分。如果你没有孩子、单身、不工作或是其他情况,只需划分饼图,看看你的优先事项是什么就好,可能是照顾某人、你的精神生活、你的身体健康或某个爱好。让饼图如实地反映你的生活。这个饼图是一个有效的工具,可以看到你在试图往自己的生活里塞进多少东西。如果你试图在工作上投入100%的努力,在家庭生活中投入100%的努力,在社交场合中投入100%的努力,那这一个饼图怎么可能装得下?不可能的,如果试图把这一切都塞进去,你只会感到压力巨大，不堪其苦。请在下一页划分你的饼图。

　　这个图并非一成不变。未来，随着你的生活变化——工作变化、组建家庭或孩子长大了等等，优先事项可能会改变。只需将它作为一个模板，看看你想把注意力放在哪里。

第四章 控制

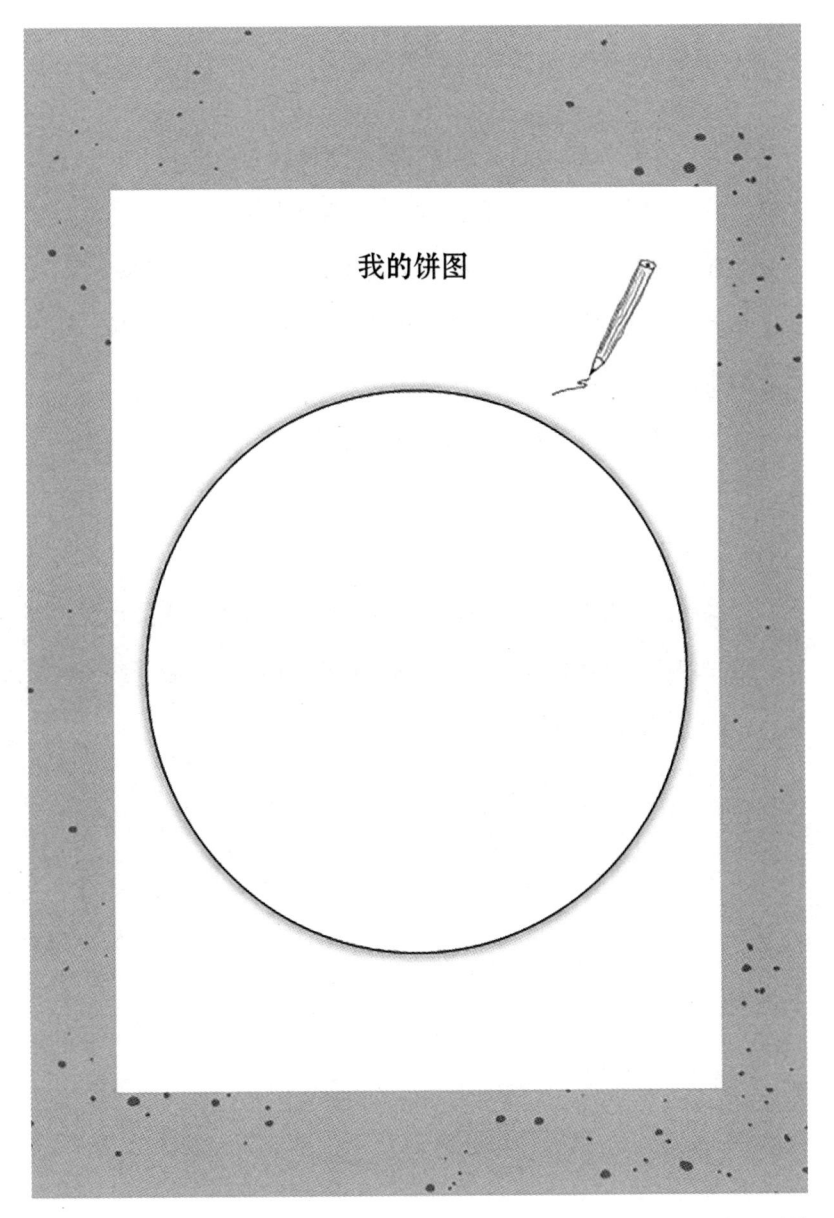

我的饼图

生育

这是一个很大的话题，值得用整本书来探讨，而非仅仅一小节有关压力的内容。如果这部分内容让你意犹未尽，可以去了解下加布里埃尔·伯恩斯坦（Gabrielle Bernstein）关于生育的讨论和伊丽莎白·戴的相关文章和书籍。许多杰出的女性都在讨论生育问题，并在此过程中建立起社区。

如果你曾在生育方面挣扎过，或是目前正在经历这一艰难旅程带来的压力，那么你一定已经厌倦了别人告诉你"压力是怀孕的大敌"这种话。毫无疑问，这种建议只会让你的压力水平进一步上升，因为要在已经感到失控的情况下还要迫使自己完全放松，这无疑是雪上加霜。这种建议一点用都没有。往往这种时刻，你会感到心碎、挫败和紧张，因为你正经历着等待的煎熬。

与阿曼达·科顿（Amanda Cotton）的谈话

我的表嫂阿曼达在过去的10年里经历了一次生育上的波折，她愿意与我们分享一些关于生育压力的见解。

问：阿曼达，能和我们分享一下你的生育经历吗？

阿曼达： 一切始于2014年，那时我32岁。我停用了避孕药，打算在婚礼前后怀孕，婚礼定于2015年7月。

两年后还是没有什么动静，我知道一定是哪里出了问题，于是我去看了医生。我被转诊给妇科医生进行进一步检查，被诊断为甲状腺功能减退、贫血、严重子宫内膜异位症。最终，我在将近35岁时被推荐去做试管婴儿。我们非常幸运，不但被允许使用医保去做试管婴儿，而且第一次尝试就成功了，我们的大儿子于2018年5月出生。

有了孩子的生活比我们想象的还要美好，但我们一直想再要个孩子，给他生一个弟弟或妹妹。这次我们没有医保的帮助，全部靠自己。我们攒钱于2021年初进行了第二次试管。我们天真地以为这次会像上次一样一次成功，但这次并没有成功。最终，又经过了3轮试管才怀上。直到2023

年1月，在打下这段文字的同时，我40岁，已怀孕29周，即将生下小儿子。

问：整个过程带来的压力有多大？

阿曼达： 一路走来很不容易。一开始，我听不得别人说怀孕，尤其是那些亲近的人。这让我感到内疚，因为有时全家人都在谈论这些喜讯，而我却不想听。我认为杰斯（Jess，阿曼达的丈夫）在这方面也很为难，他不知道该如何支持我；这不是任何人的错，但在一起经营我们渴望已久的生活时，这给我们带来了压力。有时我们还试图装出一副开心的样子，与亲近的家庭成员一起庆祝，对他们来说，好消息似乎来得轻而易举。

除此之外，还有工作和日常生活中的压力。在一家忙碌、快节奏的时尚零售商店里工作本身就很有挑战。第一次做试管时，我设法利用假期去完成了一切，但到了第二次、第三次、第四次和第五次尝试时，我决定与工作单位的一些负责人进行一次坦诚的对话。好在他们都非常支持，在每一轮的两周等待期内让我回家休息，尽管一旦回到工作岗位，我又会恢复长时间工作和不断开会的常态。

问：在尝试怀孕的过程中，让你感到压力最大的是什么？

阿曼达：最具压力的是感觉自己对此完全无能为力，而事实基本就是这样。但最后一轮之后，我意识到有些方面其实自己是可以控制的，这让我获得了一些安慰。每一轮的试管都让我感到焦虑——它会成功吗？这次会像前几轮一样结束吗？我会分析每一个抽搐、疼痛和分泌物，然后形成一个判断，判断它能否成功。但结果往往会告诉我，那些我自以为的"放松"并没有帮助。即使现在我已经怀孕29周，但那种焦虑感依然存在。

此外，做这一切没有朋友和家人的支持也让我感到孤立和孤独，因为我不想让任何人过早地产生期待，也不想感受到额外的压力。我不想和家人谈论这件事，因为我知道他们认为我们应该放弃，毕竟我们已经有了一个孩子，也失败了这么多次。

这也让我失去了一位好朋友，她当时也在进行治疗。我们第五次尝试成功了，但她的结果并不像我俩都希望的那样圆满。可惜，我们还曾一起幻想过在产假期间结伴去上育婴课。

问：人们总是说压力对怀孕不利，这让那些渴望孩子的父母十分为难。当你为生孩子努力准备时，你是如何应对这种说法的？

阿曼达： 我允许自己感到难过和悲伤。杰斯是我的支柱，他尽量不让我听到朋友怀孕的好消息，但我认为他并不完全理解我的感受，有时候我看上去就像在嫉妒和酸别人。

我买了一辆健身自行车，低强度，每周3次课。这不仅帮助我放松，还让我感觉很好。

我们在每轮试管之间尽可能地去度假，确保我们还有很多家庭时间，不让这件事情占据我们的生活，当然也不能让我们的大儿子知道与此相关的任何事情。

阿曼达，谢谢你和我们分享你的故事和在生育方面的压力体验。这个故事会帮助很多人，让她们感到不那么孤单。

阿曼达的故事让我意识到，在任何情况下，告诉自己要放松是多么无用的建议。如果有人建议你放松，要么是因为他们需要你放松，要么是因为他们真的无法完全理解你的情况。这些建议可能是出于善意，但往往效果很差。如果大家都能立即放松下来，我就不需要写这本书了。如果听到这种建议，你完全可以说你不觉得这样能帮到你。如果遇到像阿曼达在尝试怀孕时那样的刺探性问题，则完全可以拒绝回答，或者说你想要保护隐私。设定这些边界对于保持良好的心理健康往往是至关重要的。

当你担心朋友时可以说的话

如果你的朋友正处在一个充满压力的状态，你或许不知道自己该说些什么。我也曾说过错误的话，表现得很尴尬，没话找话地想要帮到对方。以下是一些可以用到的句式，如果你正在与朋友或亲人一起应对这种情况，可以考虑使用它们。

- "我怎么样能帮到你？"
- "这样能让你感到被支持吗？"
- "无论你需要什么，我都会在这里支持你。"
- "你今天想谈这个吗？还是咱们聊点别的？"
- "我不会试图纠正你或改变什么，但我会陪在你身边，听你说你想说的一切。"

羞耻

回首过去，让我感到最失控的时候是当我经历了强烈的羞耻感时——当时出了一些非常棘手的事情，它们给我带来了迄今为止最难以承受的情绪。单独面对这种情绪已经很难，再加上压力，真的会越陷越深。听起来似乎是个大胆的假设，但我不认为有谁能在感到羞耻的时候毫无压力。对我来说，羞耻是一种全身的体验——我厌恶自己，皮肤发痒，感到窒息，有时甚至无法发出一丝声音，听到自己说话的声音让我不寒而栗。我只想躲起来，但在我的工作中，这几乎是不可能的。

每天逼自己出门都让我感到压力重重。走向办公楼门外一排闪烁的摄像机时，我简直想在脚下挖个洞钻进去。看到其他人我也会感到紧张，因为我害怕他们如我所想的那般对我有可怕的想法。

我不认为有什么快速的方法可以摆脱羞耻。根据我的经验，这需要支持、指导和时间。从那段艰难的时期起，我就间歇性地进行治疗，并持续探索有益于身心健康的技术和方法。如果你正在经历羞耻感，你最不想做的莫过于去谈论它。但羞耻会在隐秘中繁殖，如果你能与谁谈论它，你会立即感到不同。首先，请试着在下面写下一点点，这里没有谁会评判你。写下你的想法后，看看你的感觉如何。

回过头读读你的文字，看看你是否会像批判自己那样严厉地批判别人。我打赌你不会。相较于他人，我们通常更容易对自己生产羞耻感。

羞耻感对你的生活造成了哪些影响？

....
....
....
....
....

帮助减少羞耻带来的压力的小妙招

❋ **对自己有耐心**。记住，从羞耻中恢复需要时间，所以请慢慢来，温柔地对待自己，寻求忠诚的朋友或专业人士的帮助，他们会愿意倾听，而且不加评判，也不会提供过多的"快速解决"办法。

❋ **一点一点来**。如果你对从羞耻中走出来感到有压力，思考一下自己的承受极限是什么，以及推动自己的意愿有多强。在这些问题上不需要有紧迫感，这不是比赛。我们一起走在漫长的道路上，没有人会因为先抵达终点而获得奖赏。

❋ **分享你的故事**。你的话语无疑会得到同情和共情，并且在向关心你的人诉说你的感受时，你会立即感到解脱。你的故事甚至可能会引发共鸣。曾经有一次，治疗师要求我讲述一个让我感到羞耻的故事。我磕磕巴巴地讲述了一件令人痛苦的往事，然后紧张地等待她对我进行某种谴责。可她接着讲述了一个她自己感到羞耻的故事。我笑了，并告诉她，她完全不需要担心，我完全不觉得她的故事可耻。同样，她也不觉得我的故事可耻。你看，自己的故事不仅多了一个人分担，而且羞耻感和压力也轻多了。

❋ **与不会评判你的人交谈**。你可能觉得，没有人会坐下来毫无评判心地听你说，但我有预感，一定有这样的人。每个人都有尴尬的时刻或遗憾的时光。如果仍觉得没有人可以帮到你，你可以寻求专业帮助。时机合适时，请分享你的故事，以减少羞耻感并重新获得掌控感。

✿ **尝试将羞耻转化为尴尬**。注意，当你开始接受自己，并减少因羞耻而产生的压力时，某些感觉就可能会转化为尴尬。尴尬比羞耻能好上那么一点，它就像是羞耻那略微滑稽的表亲。用幽默或故作轻松消除羞耻感大概率是不可能的，但尴尬会让你有更多的自由重新解释某个情境。

一个关于尴尬的小故事，帮助你缓解自己的尴尬

有一次录制播客，半场时间里我都叫错了一位嘉宾的名字。那次播客在Zoom（线上会议平台）上进行（我不大习惯用Zoom），时间已过晚上8点，这不是我思维最清晰的时候，而且在此之前我就感到一种奇怪的恐慌。回想起来，我当时已经精疲力尽了，这显然也使得我无法正常推进工作。之后，我陷入了深深的羞愧之中，觉得自己是世界上最糟糕的采访者，是一个毫无价值的人。这个想法在接下来的几个月里一直困扰着我，每当这个记忆重新浮现在脑海中时，羞愧感就像鬼魅般不断追逐着我。

随着时间的推移，我可以更冷静、更有距离地看待这件事。这些年来，我也不止一次地被叫错名字。有个出租车司机曾激动地对我说，他很高兴能载着费恩·布里顿（Fern Britton），还会有人大喊"哎呀，你不就是电视上那个女的吗？"这些都已经司空见惯了。我会感到被冒犯吗？一点也不会。我会永远记仇吗？当然也不会。如果我能够如此宽容地对待别人，那为什么我就不能原谅自己呢？有了这个想法，当时的羞愧感已被自我善待减弱，现在想来只剩下一点尴尬。应付尴尬对我来说是小菜一碟，有时就一笑了之了。

现在试试看。有没有某个记忆激发了你的羞耻感，但可以将其转化为尴尬？它不必变成一个搞笑段子，但这种转变可能会减轻一些压力。即使写下一个羞耻的经历，也可以减少一些对它的关注。写完

后，坐起来，环顾四周，发现世界仍在运转。

混乱中的我

当我发觉自己失控，压力占据上风时，我通常会开始整理物品，比如，把书架上的书摆整齐。我需要周围环境看起来井井有条，才能使自己的认知跟上进度。20多岁时，我的一段感情快要走到尽头，于是在一个周六的早晨，我跪在地板上，手握刷子，疯狂地清洁走廊的地砖。我可能是希望，也可能是需要地板看起来一尘不染，以抵消我生活中的混乱。那时，这似乎是唯一能阻止我崩溃的行动。

你可能也会以类似的方式来应对失控，或者你倾向于相反的反应。这是一个有趣的观察。你是通过整理来控制混乱和压力，还是通过制造更多的混乱来分散对压力的注意力？

如果发现自己会在这些时刻为了减少自己的压力，而开始强迫性地进行清洁，那么你能否将其视作一个提示，去想想生活中有哪些地方令你感觉失控？意识到这一点往往是改变或减轻压力的良好开端。如果发现自己的生活一团糟，或许也可以好奇一下自己在回避什么。

激发喜悦

如果自己家里看起来一片混乱,想想这会不会让你感觉更有压力?如果是的话,能否进行小范围的清理?扔掉那些留着以备万一,实际上基本不会用到的物品,丢掉你从未使用的多出来的铲子,处理掉杯架上别人送的那个你并不喜欢的花瓶。清理家中的空间可以给你的心灵空间腾地方。

手机和屏幕

来看看这本书中最显而易见的一个结论吧,这是我们都需要听的:减少屏幕使用时间等于减少压力。我们都知道过度玩手机的后果,但还是停不下来。我花很多时间在手机和笔记本电脑上工作,处理"Happy Place"项目,但说真的,我还可以更自律地减少屏幕使用时间。大多数人会觉得拿屏幕上持续不断推送的信息没辙,实际上,我们有着比想象中更强的控制力。

梅丽莎·厄本,也有人称其为"边界女王",本书中已多次提到她。梅丽莎创造了"能量泄漏"(energy leakage)这个词,指的是我们通过刷社交媒体、浏览新闻网站、不断发信息和随意在线冲浪所损失的能量。我们不难发现生活中时常见到,公交车、地铁上全是低头看手机的人,街边小巷也都是边走路边低头看屏幕的人,我通常也是其中之一。每当在社交媒体上滑动手指,或是用微信疯狂聊天时,我们都在耗费能量。我们对看到的、读到的和听到的每件事都有情感反应,所以如果持续这种模式没有休息,我们就会感到精疲力竭。不论是阅读负面新闻,还是在社交平台上与他人展现的面貌进行比较,都会让我们感受到压力,并且浏览的这个过程也在消耗我们的能量。

另一方面,如果我们留意自己使用屏幕的方式和时间,当然也可以通过这种途径改善自己的情绪。技术本身是中立的,关键在于如何使用它。请留意自己的感受,今天你的屏幕使用时间让自己感到振奋还是疲惫？

长时间刷手机对我来说，就像是吃了一大块非常甜的蛋糕，上面满是糖霜。起初会感到兴奋，但很快就会迎来能量骤降。高峰刚出现，低谷就随之而至，好像高峰根本没有存在过一样。长时间盯着屏幕后，你感觉如何？

负面信息过载

随着年龄的增长，我越来越无法接受任何负面的媒体。我没有精力参与诸如"卡戴珊不该穿什么"的在线争论，也不看暴力或紧张刺激的电视节目，不去回复言辞尖锐或带有攻击性的消息，不参与自己跟不上的微信群聊天。我知道，如果被这些内容吸引进去，我会保持高度警觉，而这并非我喜欢的状态。如今，我尽量控制自己接收的媒体讯息是正面的、激励人心的和充满喜悦的内容。我关注那些讨论积极变化以及我关心的话题的人，观看让我感到振奋的电视节目。我不看新闻，虽然这可能被视为无知，但我宁愿精心挑选并搜索可以让我习得知识，或为我提供帮助的各色故事。所以，像我一样试着确保自己吸收的媒体内容是让人感到振奋、充满能量的。

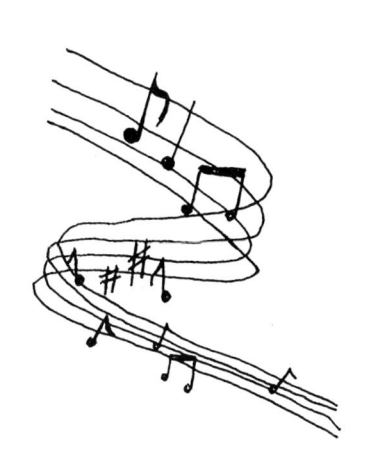

在下面列出所有让你感到积极正面的电视节目、播客、音乐艺术家、书籍、网站、杂志等。

时间如长河流淌

没有人能控制时间的流逝,如果深陷于过去的痛苦或对未来充满忧虑,就会承受巨大的压力。唯一能对抗这种压力的方法就是活在当下。埃克哈特·托利(Eckhart Tolle)称之为"临在(in the now)"。比如今天,我就已经花掉大量的时间在计划和思考接下来的一天应该如何展开上。如果没照顾好自己,我也往往会沉浸在过去,为曾经的遗憾感到强烈的不甘。我无法控制过去或未来,所以活在当下是找到内心平静的唯一途径。

让你活在当下的小妙招

- ❀ **专注于你的呼吸和感官**。静坐几分钟,只注意周围的声音、衣服的触感、气味和你看到的东西。每当思绪飘到其他地方,就将注意力带回到呼吸上。每当注意力回到呼吸上,你的思想就处于当下。

- ❀ **知道你在当下是安全的**。除非你正在躲避一只老虎,否则你就可以让自己在当下的安全和平静中安顿下来。你可能会说:"可我不能啊,我的生活一团糟。"那所谓的"一团糟"只是你对过去的感知,或是对未来混乱的恐惧。在此刻,没有危险,也没有威胁。当然，这并不是一个能马上心领神会的概念。每当我在脑海中浮现这个念头，内心似乎就会变得很平静，没有先前那么紧张了。

❀ **挑战自己，与不适共处**。如果你现在感到不舒服，那么有个小提示，你要知道感觉是不会伤害你的。试着挑战这种感受。如果因为感到紧张，你在这时想来一杯酒，借此消磨时间，那么请试着忍受这种不适感。我每天都会尝试练习这一点，因为我很容易陷入对未来、孩子、工作或全球大事的担忧中。与其拿起手机分散注意力，或者吃零食来麻痹自己，我会试着只是坐在那儿。这样做的坏处是：这感觉真不太好。但我们都明白，这种感觉不会真的伤害到自己。

❀ **记住：你的压力无法影响时间**。想象你在车里，即将赴一个重要的约会，此刻交通却非常拥堵。这时你有两个选择：陷入习惯性的反应，可能会感到极度失控，身体紧绷，咬紧牙关，对其他司机大喊大叫；或者接受自己可能会迟到的事实。过度紧张不会让时间变慢或使道路通畅。我们可以选择惊慌失措和紧张，也可以选择接纳并冷静地继续生活。当然，在风险较高时做到冷静、接纳会更难。压力并不能拯救我们。

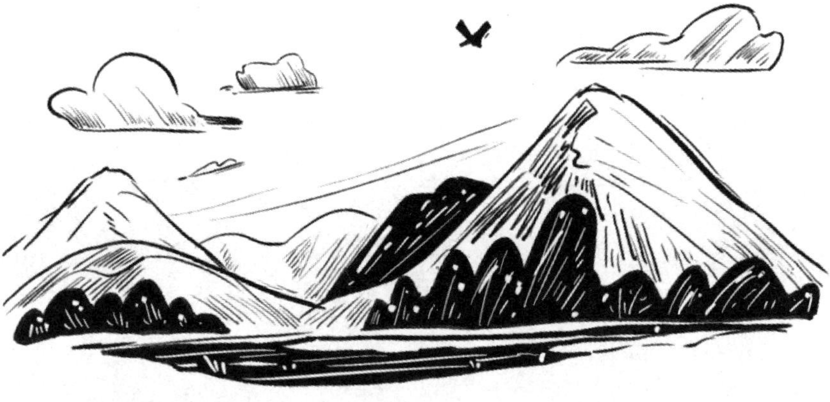

第五章　人际关系

人际关系可以给我们提供支持、安慰及安全感，但它们也可能是压力的最大来源之一。有些关系是我们自己选择的，而有些则是我们无法决定的。我们珍视那些滋养我们灵魂的友谊，但也可能因为遇到一些棘手的人而感到头疼。马克·舒尔茨和罗伯特·J. 瓦尔丁格的《美丽人生》让我看到，健康关系直接与幸福挂钩：牢固的人际关系可以让人拥有美好的生活。幸福并非由我们的成功、完美的伴侣、名望、财富或受欢迎程度来决定，而是由我们与他人的关系所决定的。

《美丽人生》这本书是促使我发生巨大转变的催化剂。以前，我全身心地投入到工作中，试图通过努力来获得幸福和自我价值。读完马克和罗伯特的书后，我开始将成功的一天视为与他人真正产生连接的一天。书中的另一个重要启示是，相处愉快、联系紧密且压力较小的人际关系并不简单。你可能会与伴侣争吵，与最好的朋友拌嘴，或发现邻居很难相处，但这不是否定这段关系价值的理由。如果彼此的关系所带来的压力超过了慰藉，你就需要为保持自身心理健康去做出调整，可能需要设定边界，或是彻底离开。这也是一个机会，让我们能够重新审视自己是如何应对压力的及对压力的控制程度。在本书的这一部分，我们将探讨人际关系如何引起压力，也会讨论人际关系如何帮助我们缓解压力并创造平和与快乐的空间。

你无法选择家人

虽然原生家庭已经是老生常谈了，但我们的确无法决定自己会出生在怎样的家庭中，拥有怎样的亲戚。多年来我采访过各行各业的人，我听到的那些剑拔弩张、充斥争吵的故事，似乎大都是原生家庭引起了彼此的压力。

每个家庭都有自己的问题。总会有些奇葩的家人，要么爱唠叨，要么总是沉默，或者心有怨恨、索取过多、行为不当等等。他们会激发出你最糟糕的一面，还有那些你已经习以为常的相处方式，让你忘记了其实还有改善的空间。

在家里，你会因为哪种情况感到充满压力？

....

....

为什么它会让你有这种感觉？

....

....

你目前的应对机制是什么？

....

你认为这样的办法奏效吗？

通常，倍感压力的我们会尽力应对家庭状况，并逐渐建立起应对机制。比如，我的家里就有一个"麻烦精"，而在以前，当我们彼此不对付时，我总会控制不住自己，给对方发送一条充满怒气的信息，以此宣泄情绪。我已经被愤怒吞没了，没法保持冷静并做出深思熟虑的回应。但这显然解决不了任何问题，反而导致了更多压力，所以我知道，我的应对机制并不起效。

当亲戚惹毛你时的一些应对小妙招

❀ 如果你时常被家里的亲戚惹毛，且无法控制自己，会条件反射地攻击对方，那么试着在心中说声"站住！"我喜欢"站住！"这个词，因为它听起来既搞笑又戏剧化。与其依靠禅修的方式去数十次呼吸，不如直接用命令的声音在脑子里喊自己停下。我们都知道，大吵大闹或是不假思索地做出反应是行不通的。顺带说一句，在某些情绪激动的时候我还是会这样做。这么说也是在提醒我自己，虽然有时我依然会化身为一个脾气火暴的小屁孩，但是我知道，被惹毛之后就骂回去对我已经不再起效了。

❊ **写一封不寄出的信。** 拿起笔，尽情释放你的情绪。问对方为什么要伤害你、不尊重你、惹恼你，并解释这会让你有怎样的感受。信可长可短，写完就烧掉它。烧毁信件有种美妙的仪式感。你可以将其变成一种仪式，让自己从负面情绪中解脱出来。一个人出门，找个不被打扰的地方，看着自己写的信燃烧殆尽，也许你立刻就能感觉轻松些，或者可以逐渐从糟糕的感受中脱离。在我的书《比我们更大》（*Bigger Than Us*）中有一整章关于仪式的内容，这得益于我曾有机会与天才导师、医学"女巫"艾利克斯·贝多亚（Alex Bedoya）一起学习。

❊ **录制一段语音笔记，解释你的感受。** 假装你在跟对方说话，你可以低语、尖叫、哭喊，怎样都可以。一旦录制完，就删掉它。把话说出来是一种宣泄方式，因为这不仅能释放你内心的压力，还能防止这些话卡在你的喉咙里。2019年，我的声带上长了一个囊肿，我知道那是因为有话被卡住了。因此，我总是尽量把它们释放出来，以免喉咙再次出现问题。

压力让我像只发狂的奶牛猫：通过细微的改变让自己感觉更好

若是你觉得有真诚适度的方式与对方交流，那就思考一下该怎么做。比如，可以在某个你们都觉得放松的地方见面，或者你可以事先发送一条短信来概述你想要讨论的内容，这样就可以为谈话预设某些范围。沙曼·温迪·曼迪（Shaman Wendy Mandy）是一名萨满，她教给我一种名为"开口棒"的概念。这是一种帮助我们实现健康讨论的方法，我们可以将棒子、发梳、笔或其他任何东西当成"开口棒"，而谁拿着开口棒，谁就可以说话。谈话内容不是以"你让我感觉/你做了什么"开始，而是以陈述自己的感受并承担情绪的责任开始，例如："我很难找到解决这个问题的方法。我感到很生气。"没拿开口棒的人则暂时不能说话，直到对方将开口棒交出。这种方式虽然看起来有些烦琐甚至荒谬，但它能有效地让大家认真听讲，防止激烈争吵，因为没人会打断对方。

多年来，在与各种疗愈师与咨询师合作之后，我发现了一个极具洞察力的办法——"切断绳索"仪式。如果在生活中有个让你感到巨大压力的人，但你却无法离开这段关系，便可以使用这种技巧来创造一些情感距离。你也可以用这种方法来释放过去相处中对方给你带来的压力和紧张感，毕竟这些过往还在让你痛苦。这是一种冥想练习，无需冥想经验，人人都可以尝试。首先，躺下或坐下，闭上眼睛，想象许多不同的绳索从你的身体延伸到对方的身体。想想这些绳索位于你身体的哪个部位。你感觉到它们是从腹部出来的吗？还是从脖子、肩膀？你的头部或脚部？想象一下这些绳索是什么颜色、质地、粗细。一旦确定有多少绳索，以及它们是如何连在你身上的，就可以想象对方坐在你对面，把这些绳索的另一端连到他们身上去。

观察彼此身体与这些绳索相连的所有地方，然后，想象自己手里握着一把闪闪发光的银质大剪刀，刀刃锋利雪亮。当准备好时，就在心中剪断一根绳索，看着绳索掉落在地，渐渐消失。就这样直到剪断所有的绳索，彼此间再无纽带为止。

在这个仪式之后，最好躺下或坐下冥想几分钟，消化刚才做的事并让情绪沉淀。你可能会立即感觉有些不同，也可能需要好几天才会注意到，自己已经感到轻松了不少。

要是你在家庭中正遭受着欺骗、虐待或暴力等严重问题，请尽可能寻求专业帮助，加入支持小组或在线论坛。这些问题是不能仅靠阅读本书来解决的。

养育孩子和重组家庭

养育孩子当然是一种快乐和特权，但它也会令人疲惫不堪。有时，作为父母的责任感真的会让人不堪重负，我在雷克斯出生几秒钟后就有了这种感觉。以前，我幻想中的母亲形象都是穿着宽松的长袍，冷静又放松的样子，可当我抱起自己第一个孩子的那一瞬间，这些幻想就消失了。铺天盖地的爱意席卷而来，令人毫无准备，但那种巨大的责任感、逐渐加剧的担忧以及害怕自己做不好的恐惧也来了。所有人都会告诉你，那种爱与养育的本能是多么的迫切，但没有人警告你压力也会不期而至。在此之前，大部分的准备工作也是为了分娩本身，例如要在可爱的过夜包中放些什么，或者需要多少尿布，哪个牌子的乳头霜最好用，等等，但几乎没有人会告诉你该如何应对接下来的责任。

我常常问自己，是否可以在没有压力的情况下体验满足的爱。我们能否沉浸在全心全意的爱中而不担心失去它？养育孩子的经历不断教会我，这两种对立的情感是可以同时存在的，爱和压力并不相互排斥，它们可以并行。

我深知，所有的父母或监护人都会犯错误，没有完美的人。在广告或一些网络分享的帖子中，我们时常会看到，照片里那些孩子穿得整整齐齐，微笑地看着冷静镇定的父母，可这只代表了1%的真相。当然，养育孩子也有许多美好的时刻——宁静的时刻、奇迹般的时刻、令人心跳加速的喜悦时刻，但我们不可否认大多数时间还是混乱的、嘈杂的和痛苦的。

你觉得养育孩子最令人棘手的事情是什么？

....
....
....
....
....
....

减少养育压力的小妙招

❀ **首先，给自己一个喘息的机会。** 向内心那个总是在说我们做错了的尖锐声音发起挑战，虽然这听起来很难，但只要意识到它的存在，就不失为一个很好的开始。我们太习惯自责以及自我鞭挞的内心独白，以至于都忘记了真相。一旦开始相信这些想法，就会承受更大的压力。当意识到自己内心一直存在负面评价时，我们就可以开始与它们保持距离。我们可以向这些消极的想法发起挑战，并弄清楚它们是如何形成以及何时形成的。

❀ **留意你做对了什么。** 留意并赞赏自己在养育孩子方面投入的所有精力：为周六早上6点起床感到自豪，为记得打包孩子的便当而自我表扬……我就是因为总是关注自己没做的事，而忽视了自己正在做的事情。

❈ **停止将自己、孩子与他人比较。** 我无数次看到别家的孩子大口吃着西兰花，而我的孩子却从餐桌上站起来非要吃麦片，然后陷入了比较和绝望的漩涡。看看其他家庭，我总担心自己没有在孩子的阅读或作业上投入足够多的精力。当看到其他孩子在游泳，而我的孩子还戴着臂圈时，我就感到恐慌。我倾向于将所有问题都归咎于自己，所以经常用这些信息来攻击自己。还好，现在的我已经发现，把自己与他人比较并没有帮助。每个孩子的成长速度都不一样，每个父母的育儿方式也不同。我们能做的就是尽力而为，找到内心的平静。

❈ **发现你的价值观并坚持下去。** 这个技巧需要建立在上一条的基础上，因为我们只有在真正相信自己的方法和决定时才能找到平静。如果看重饮食健康，那就别太介意自己的孩子晚一点学会独自上厕所；如果知道音乐很重要，那便不要那么担心自家孩子数学没学好；如果懂礼貌是首要任务，那么就别总在意自己孩子讨厌放学后的课外活动。了解你的价值观，并按照它们来行事，而非在方方面面都做到完美。

❈ **寻找安慰和联系。** 找可能有类似经历的朋友倾诉你的担忧。没什么比听到别人养孩子时的挣扎或失误更让人放松了。偷偷告诉你，每当看到别人的孩子在超市里闹腾，我都会暗喜，因为这让我感觉在育儿的混战中，我不是一个人。这里面没有丝毫的不满或批评之意，在那些时刻，我的心充满了同情与完全的宽慰，因为知道还有其他人也在经历着和我同样的事情。

※ **不要因为把时间花在自己身上而感到内疚**。我专门为自己写了这句话。我是个极易产生内疚感的人，因此常常被内疚感占据心神，不允许自己去休息。好的父母或监护人并不是那种24小时，一周7天，全年无休的人。我们都需要时间与朋友相处或独处，以让自己休息、恢复、欢笑，重新找回自己。

重组家庭

和我丈夫在一起时，我的继子女分别是9岁和5岁。我从一个29岁的单身女性变成了一个家里有两个跑来跑去的小孩的妈妈。我觉得自己很幸运，继母做得较为顺利，但和任何家庭关系一样，这个过程也有需要面对的挑战和压力时刻。融合两个家庭，照顾不是自己亲生的孩子，或是带着自己的孩子进入另一个家庭，都可能遇到麻烦。其中会有妥协、艰难的对话。如果孩子抚养权不在你这边，你独处的时间会增加，另外还有控制权的缺失以及需要设定新的边界。那时的我几乎没怎么考虑过生活会如何变化，就盲目地承担起了继母的角色。我只能在此过程中去学习如何做一名合格的继母，但新生活的混乱仍让我时不时感到孤立无援。

帮助应对重组家庭的小妙招

- **寻求正在经历类似情况的人的帮助。** 我很幸运，在重组家庭时有个好朋友也正面临同样的情况，所以在感到困惑或压力时，我们经常互相倾听彼此的心声，并给予对方支持。
- **从一开始就与伴侣保持良好的沟通。** 如果你要照顾他/她的孩子，确保你们经常讨论怎样做有效，怎样做无效，并理解在某些问题上你们俩会有不同的观点。你们不必在所有事情上达成一致，但必须相互妥协，好为你们和孩子们创造更多和睦的空间。
- **尽可能多地让孩子参与决策。** 如果你们正在计划度假或重新装修房子，可以让孩子们参与进来，以免他们感到自己被排除在外。当杰西和我结婚时，我们婚礼蛋糕的每一层口味都是阿瑟和萝拉为我们选定的。我们希望他们能感受到自己是婚礼的一分子，而不仅仅是没有发言权的参与者。特别是在早期，当阿瑟和萝拉的生活历经许多变化时，我们都让他们尽可能多地参与到家庭决策中来。
- **知道犯错和感到压力是正常的。** 重组家庭需要大量的工作、努力以及灵活的心理。因此，对自己宽容些，你已经尽力了。
- **放下内疚感。** 如果你因为花时间在自己身上、做错事或心怀怨恨而感到内疚，试着把这种内疚感放到一边。为了身心健康，花时间休息是必要的。每个人都会犯错，有情绪不是犯罪。如果你感到愤怒或怨恨，只要感受它就好。你不必因为自己不是完美的父亲/母亲或继父/继母而感到内疚。感受你的情绪，留意它们，允许它们存在，可以写下来，或者和某人谈谈。感受情绪没有错，但我们需要有自我意识，以便行为可以摆脱情绪的驱使。感受愤怒，但不要把它传递给无辜的人；感受怨恨，但不要对别人甩脸子；感受烦恼，但不要把它宣泄在另一个人身上。感受它，拥有它，但不要传递给别人。

请收听凯特·费迪南德（Kate Ferdinand）的精彩播客《重组》（*Blended*），听听其他人的类似经历。她还写了一本非常有见地的书《如何组建一个家庭》（*How To Build A Family*），其中有各种逸事和专业的建议。

青春期

如果家中正巧有位处于青春期的孩子，那么这大概率会是段鸡飞狗跳的日子。飞扬的荷尔蒙、关注点的变化、同龄群体的影响，以及身体的发育，这些曾经的小朋友正在努力从自己的童年过渡到成年。作为监护人，你可能会对处于青春期的青少年感到束手无策，或者被这些年轻人推开，他们不想听你的建议或寻求你的帮助。

我有个朋友也经历过孩子的青春期，他曾告诉我，如果孩子在青春期时疏远你，你只需默默地陪伴在他们身旁就好，没必要纠正他们或过多地质疑他们。默默的陪伴会让他们知道，你就在那儿，并有助于减轻被拒绝所带来的压力。在他的孩子长到20多岁时，亲子关系进入了新的阶段，他们相处得很好。青春期不会永远持续下去的。当然，如果你有一个天使般的孩子，在青春期没有给你带来任何压力，那也很好，继续保持下去吧。

若是你的孩子在青春期所经历的事情已经超出常规范畴，比如自残、饮食失调、酗酒或涉及任何犯罪活动，请寻求专业帮助。这些问题太严重了，光靠父母自己是无法解决的。

残疾儿童

许多研究表明，残疾儿童的父母所遭受的压力最为持久。通常，光是应对来自身体及精神上的挑战就已经很费力了，更别提治疗过程的种种烦琐程序、对孩子未来健康与否的担忧，这些都极其耗费心神。过度疲劳、缺乏支持会导致诸多负面情绪，比如沮丧、愤怒甚至羞耻，这些都会增加压力。由于政府支持的匮乏，残疾儿童家庭常常只能通过慈善机构或个人的努力来筹集资金，以支付所需的医疗支持，或是为了符合孩子需求而进行房屋改造的费用。

与我的朋友艾比的谈话

问：艾比，向我们介绍一下你的家庭情况吧。

艾比：我们家有我和我丈夫里奇（Rich）、女儿贝亚（Bea）、双胞胎儿子泰德（Ted）和蒙蒂（Monty），还有一条狗威洛和一只猫罗西。

贝亚今年15岁了，非常懂事！对此我真的很感激，因为我在青春期时绝对不是这样的。然后是8岁的泰德和蒙蒂。泰德比蒙蒂早出生2分钟，怀孕36周时，根据医生的建议我剖宫产生下了他俩。两人出生时的体重完全相同，都是5磅1盎司（约2296克），身体围度数据也一样，可以说他们在各方面都完全相同。不过随着他们长大，我们发现泰德的头没有蒙蒂的头长得快。不仅如此，他还患有严重的胃食管反流，凡是遇到过这种情况的父母都会知道，这有多么糟糕。他会不停地哭，日夜不息，以至于我们隔壁一个不太熟的邻居都曾说我对他很有耐心。

几个月过去了，喂他吃饭的问题依旧严重，泰德的头仍然长不好，后脑勺扁平。医生说这是因为他在我体内被挤得太紧所致。8个月后，我们决定去私立医院，因为内心深处觉得有些不对劲儿，希望能得到一个答案。我们带他去做了各种扫描和测试，听到了我们最不想听到的消息：泰德在我剖宫产前不久有些缺氧，这会对他以后的生活产生重大影响。缺氧导致了广泛的脑损伤，泰德因此被诊断出患有四肢性脑瘫、癫痫、小头畸形（由于脑损伤影响了他的头部发育）、喉软化症（与脑瘫相关）以及严重的视力障碍。他不能说话，也不能移动，无法自己做任何事，于是我们成了他的全职护理人员。然而，泰德的存在能点亮整个屋子，他非常擅长从人们那里得到他想要的东西。他有着最具感染力的笑声。蒙蒂则善良体贴，能看到每个人的优点。每个孩子都是我日常生活里的英雄。

问：许多研究表明，有残障孩子的父母经历的压力最为持久。你能和我谈谈你每天以及长期面临的压力吗？

艾比：对我们家来说，特别是对我来说，最大的压力是要意识到，我们生活在一个与大多数家庭完全不同的世界中，他们的孩子神经发育是正常的，而我们不能与他们进行比较。这非常难。为了贝亚和蒙蒂，我们尽量让生活保持"正常"（无论这个"正常"是什么样子），但真实的情况是，我们的生活完全不同。我们没办法坐下来一起看电影，因为泰德既看不见也听不懂。要是试着玩桌游，那我们中的一个人必须抱着他，唱歌或蹦跳着来让他开心，同时还要掷骰子并与其他孩子互动。出去吃饭也很麻烦，因为泰德需要吃泥状食物，所以事前需要做大量的计划和准备。如果他不喜欢餐厅或博物馆的背景音，那完了，我们只能离开。现在蹦床、滑冰或任何需要活动的事情都很难办，因为他已经长大了很多。

还有个麻烦是预约医院。基本无法持续两个星期都约到同一家，这意味着我们要带泰德去各种医院和诊所接受治疗，根据他的情况，我们不断与不同的专家和医生见面。有时我们一天内要跑两个地方，在一个医院治疗完他的癫痫，再穿越整个伦敦去往另一家医院检测他的肌肉张力。然后还有定期的预约来测评他的反射能力，检查他的脊柱和髋部，因为他无法承重。有时候，在看病时又发现了什么我们不了解的病症，于是又得去不同的专科医生那里了解情况。总之，一直不消停。

我就像是一艘行驶在河流上的船，时不时停靠一下，乘客来来去去，但这条河似乎永无尽头。长期压力主要来自未知，即我们真的不知道最终会怎样，也不知道泰德的结局会如何。我们心里清楚，泰德的病情意味着他肯定活不了蒙蒂那么长。但我尽量让自己不要去想这些，我必须，也只能活在当下。

问：显然，对于像你们这样的父母来说，需要更多的外界支持，那么在压力应对、获得支援方面，怎样做能够帮到你？

艾比： 希望大家能够认识到，我们所持续承受的压力会对我们造成严重影响。它没有结束日期，它是持续不断变化的。我觉得像我们这样的父母应该得到专业的帮助，比如治疗或咨询方面。我加入了一个由相同情况的妈妈组建的社群，这很好，但即使孩子有相同的病症，每个孩子的情况也是不一样的，对一些家庭有效的方法并不一定适用于其他家庭。有时候，我觉得自己需要和一个理解我的遭遇且不带任何评判的人谈谈。

问：你如何应对你面临的压力？

艾比：知道现在难以忍受，但相信这种感觉不会永远持续下去，这就是我的应对机制之一。一年多以前，泰德因为奇怪的呼吸模式被送进急诊。当时我只是想："这是泰德，总是有新的不寻常的事情发生。没事的。"然后医生开始讨论将他转诊到专科医院，认为他的氧气水平受到了影响。突然间，我发现自己的状态又回到了泰德第一次被诊断出病症的时候：所有声音都消失了，我感觉自己像个陌生人，在看着未知的事物。

那时，我深吸一口气，告诉自己："我能做到的，我必须做到，我没得选。"记得父亲曾给我一张卡片，上面写着："最后一切都会好起来的。如果现在还不好，那就还没到最后。"虽然就我的状况来说，这样的说法似乎有点格格不入，但我的确让自己尽量活在当下，不想过去也不盼未来。明天总是新的一天，有新的经历。我不想有一天醒来感到后悔并希望自己人生的那段时间消失，因为即使在那些艰难的日子里，泰德比我还要艰难得多，我想尽可能多地创造回忆，即使是那些一想起来就辛酸艰难的记忆。

我也尝试将压力分门别类，例如，我尽量不为小事烦恼，比如担心工作、友谊方面的事，航班延误5小时或房子被水淹，等等。这些虽不是什么好事，但往大了看也没什么大不了的。放下担忧，不再思虑遥远的未来，这对我来说是一个很大的解脱，这样，我感到更加快乐。

问：压力在你身上如何表现出来？

艾比：疲惫。极度疲惫！因为泰德，我们的睡眠时间很少，有时他只在晚上醒来一次，但有时他会一醒几个小时。为此，我已经改变了生活方式来适应这种持续的疲惫。我吃得很好（哪怕只吃零食，因为我并不总是有那么多时间可以坐下来吃饭），吃很多补剂，而且不喝酒。如果可以的话，我还会带我家的狗威洛出去走上两个小时：我需要那段时间来反思，以及为自己充电。我无法享受运动时光，也不能和朋友们出去喝酒，甚至都没有社交生活，但对此我不会苛责自己。我会抓紧一切时间小憩一番，哪怕只是在接孩子放学前的10分钟。我知道，有一天我的精力可能会被耗尽，但在此期间，我会尽一切努力让自己撑到最后。

艾比的坚强、韧性和应对机制多年来一直激励和帮助着我。对我来说最大的收获是：我们没时间照顾自己时，不要责备自己。我们时常听到自我关怀的好处，但当根本没有时间这么做时该怎么办？若是有压力没法完美地照顾自己，就别再苛求了，那是本末倒置。在时间紧迫、责任巨大的日子里，不为没照顾好自己而自责，这本身就是对自己的关照了。

艾比，你简直太棒了。谢谢你和我们分享你的故事。

帮助神经特质多元儿童

如果你的孩子被诊断出患有多动症（ADHD）、强迫症（OCD）、自闭症谱系障碍（ASD）、阅读障碍（dyslexia）、运动协调障碍（dyspraxia）等，那么在面对他的需求和行为特征时，你就会承受很大的压力。甚至仅仅是确诊的过程本身都会令人压力重重。我对进一步理解这些特质非常感兴趣，因为我的家庭和亲密圈子里也有一些人是这样的情况。最近，我完成了一个为期一个月的在线课程，学到了很多，让我大开眼界。

不同的神经特质有着不同的表现形式，且在每个人身上都各不相同。了解你自己或你孩子的大脑是如何运作的，可以带来极大的解脱，因此，如果你想知道自己在生活中的困境或特长是否与神经特质多元有关，不妨寻求专业帮助以获得准确的诊断。

如果诊断已有结果，重要的是你和你的孩子要去关注这结果带来的积极方面，而不仅仅是面临的困难。这些积极方面包括：可能针对某些领域的高度专注、创新思维、创造力或是在生活中能够帮助你或你孩子的强大性格特质。

如果你或你的孩子是神经特质多元人群中的一员，请写下其带来的积极方面。

....

....

....

....

家庭结构

西方国家把所有的注意力都放在了核心家庭结构上。那种邻居、祖父母、叔叔阿姨们共同抚养孩子，"吃百家饭长大"的状态早已不复存在。我不确定那样的社会状态是否可以重现。时隔多年，有太多事都不一样了。不过，知道压力来得合情合理，这就是一个不错的开始。当我们被压力折磨得喘不过气来时，通常是因为我们本以为自己能够应付。但如果想想在养育孩子方面我们得到的支持少得可怜，我们还会对这重重的压力感到意外吗？

如果你在工作和家庭生活中感到压力和内疚，首要方法是对自己更好些。自我同情能够减轻内疚和压力，我们必须养成这种习惯。每天提醒自己，你在应对很多事情，感到压力是正常的。告诉自己，你已经尽力做到最好，这就足够了。养成一个新的日常习惯，它能让你关注自己在当前情况下做得有多好，而不是去盯着自己有多少没完成的。

压力是对你正在经历的事情做出的完全合理的反应，但当感觉压力永无休止时，你可能就需要做出改变了。如果每天在工作和家庭生活之间奔波让你身心俱疲，那就需要做出调整。能不能寻求他人的帮助？不要觉得寻求帮助就是失败，这往往是必要的一步。有没有人能帮你送孩子上学？热心的邻居能不能顺便帮你采买些日用品？同事能不能帮你分担一些工作？有时你会觉得无人可依，但事实往往并非如此，你只是忘了开口请求。有时候我会觉得无法开口，只是因为觉得这一切应该自己去面对。实际上，没人会因为你独自承担一切而表扬你。人们通常都很乐意帮忙，因为这也让他们觉得有成就感。开口寻求帮助吧，这值得你一试。

我需要空间

找到属于自己的空间是我在育儿过程中感觉最具挑战性的部分。那种感觉就好像墙壁在朝你逼近，四周都是无法逃离的问题、杂乱和噪声。我常常优先考虑家庭和工作，把自己放在最后。这种殉道者般的倾向突显了我内心深处的不配得感，我觉得自己不配有任何休息时间。

内疚驱使我在工作中过度努力，然后把每一个空闲的时刻都留给孩子们。最终，我感到身心俱疲，压力倍增。现在，我正在积极尝试纠正自己先人后己的倾向，但这真是说起来容易做起来难。我相信很多女性朋友都有同样的感受。接下来，请写下你生活中的责任清单，看看你在其中的位置。你是把自己排在最前面，还是被挤到了最后？

你不必把整张清单都填满。清单可长可短，数量并不重要，你在其中的位置才最关键。

这周，你能把自己的位置至少往前移一位吗？记住那句老话：照顾好自己，才能照顾好他人。这句话不但是对你说的，也是对我自己说的，因为在那张清单上，我自己的位置也排得很靠后。

我的优先事项

1 ……………………………………………………………
2 ……………………………………………………………
3 ……………………………………………………………
4 ……………………………………………………………
5 ……………………………………………………………
6 ……………………………………………………………
7 ……………………………………………………………
8 ……………………………………………………………

分手与崩溃

人际关系中最具压力的时刻之一就是分手。无论结婚与否，选择分手还是被分手，都是极其艰难的经历。除了悲伤、困惑、心痛以及分手带来的实际问题外，压力也会随之而至。即使你希望结束这段关系并积极朝着这个方向努力，你也会在解脱的同时感受到压力。

这种压力会出现在一天的各个时刻。在与同事交谈时，他们会询问你关于伴侣的情况；在打包需要搬走的物品时；在取消为两人预订的假期时……最初的几个月，你都会在压力和悲伤中艰难前行。实际生活也几乎和精神上的疲惫一样累人，你甚至可能会因为压力而出现身体症状，如背痛、头痛或消化系统问题。所有这些都是正常的。一起来听听我的朋友、企业家、公司创始人利兹·麦库伊什（Liz MacCuish）的分享。

与利兹的谈话

问： 利兹，离婚被列为人们经历的最具压力的事件之一。你能告诉我们一些关于你离婚的情况以及它如何影响你的吗？

利兹： 我完全同意这个说法。每一场离婚都是不同的，所以即使你有朋友之前经历过，也很难给出任何有用的建议。而且，我是我朋友中第一个经历这种事情的，所以这是一次实战学习。戴尔（Del）和我在2004年相识，6个月内我就怀孕了。一切进展得非常快，虽然相处时间不长，但当我发现自己怀孕后开始有所期待，我确定我想把他生下来。我在2005年9月早产，生下了布拉姆（Bram）。布拉姆在特护病房度过了出生后的几个月。这对我们所有人来说都是一段非常紧张的时期。我和戴尔的关系在那几个月里确实有一些摇摆，但作为父母，我俩都尽心尽力。我的工作时间表排得也很满，我经常出差。2009年，我生下了第二个儿子盖布（Gabe），2012年生了双胞胎泰迪（Teddy）和蕾恩（Wren），生活忙到飞起。4个孩子和不断发展的事业，总会有一些被忽略和牺牲。最终，我们的婚姻破裂了。

我一直渴望有个人空间，可以独自与自己的思想交谈。2015年4月，我和一名女性朋友一起旅行，在旅行的倒数第二天，行至伊比萨山附近，我突然清晰地感受到内心的渴望，那是我之前从未意识到的念头——我想要离开。但这要如何实现呢？实际操作上该怎么办呢？财务如何分割？我们又该如何告诉孩子们呢？

我唯一知道的是，在大多数情况下，当自己产生这样的念头时，对方也有同样的想法。但我清楚这个需要我来提。那次旅行回来后，我和戴尔进行了健康且深入的谈话，流了很多眼泪，但我们还是保持了冷静。我们都想结束这段关系，但在接下来的日子里，这一决定所带来的巨大影响，以及深深的内疚、恐惧和怨恨席卷而来，让人百感交集。在工作中，我习惯于找到解决方案，制定有影响力和富有创意的策略，所以我用同样的思维模式制定了一个非常实际的计划，以尽可能减少痛苦的方式结束了我们的婚姻。

我必须得说，那几个月简直太糟糕了。我向妈妈及一些密友倾诉，但我无法向他人告知我们的决定，这就像保守着一个可怕的秘密。我的眼睛肿得像是严重过敏（这也是我给别人的解释）。我没法儿告诉你那有多奇怪，在做出这样一个改变人生的决定后，还要和对方睡在同一张床上。我强烈建议读到这里的朋友去找个替代办法，哪怕是睡沙发也好，毕竟你在这时需要自己的空间，因为任何的亲密在此时都会让人感觉像是走错了方向。我还写下并排练了好几周要说些什么，以便告诉孩子们为什么他们的父母决定分开。但最后，我什么都不记得了。我只记得自己让两个大一点的孩子坐在沙发上（双胞胎当时还太小），解释说他们依旧是我们生命中最重要的人，只是我们不能再作为父母在一起了。结果没有任何意外，他们非常生气，非常难过。那个场景将永远留在我心里，就像被纸划伤一样的刺疼。但就像许多事情一样，时间确实会带来一些治愈。

接下来的几周我都浑浑噩噩的，还好之前制定了去法国的旅行计划，我独自带着孩子和朋友一起度过了一周。这才是对症的解药。我不需要在那时表现得很勇敢，只需做自己，因为我和最好的朋友在一起。

随后的一年很艰难，非常艰难。虽然戴尔和我在离婚前的几年里一直很疏远，但我从未感受过那样的孤独。白天我让自己做很多事情，但夜晚令人难以忍受。我酗酒，喝很多并沉浸在痛苦中。如果再来一次，我一定会选择一条更为健康的疗愈之路。那一年真是难啊，孩子们和工作占据了我所有的生活，我完全没有自己的时间。某天，为了不想就这样孤独终老，我开始寻找一些办法来重建自己。我开始练习普拉提，并沉浸其中。我开始花更多时间亲近自然，让自己的饮食更健康，身体更强壮，拥有更多的资源和应对能力。然后我们开始讨论离婚。我们都同意离婚要和平解决，但我确实在这个过程中占据了主导地位。

我知道我们没钱请昂贵的律师，而且两人关系还行，可以用调解员来替代。我推荐这种方法给任何适合的人——只需缴一次费用，比请离婚律师简单多了，为此我们省下了上万英镑。

现在，我已经和我新任丈夫阿尔（Al）在一起5年了。和他在一起的时光既相互滋养又令人满足。我想要说的是，每个人都可以重新来过。我们只需足够坚强、足够勇敢去抓住这些机会。

今年我48岁了，主要得益于阿尔和他那神奇的重新审视生活的方式，我选择将与他的相遇视为一个全新的开始。

我才刚刚开始，开始关注我自己。

问：是什么帮助你减轻了压力？

利兹：坦白说，是时间。与好朋友交谈，对自己温柔，照顾自己。

问：在这个过程中，你和能帮到你或是理解你的人谈过吗？

利兹：第一年我确实更加孤僻了。每天都感觉像是在爬山，最后再筋疲力尽地爬上床，泪流不止，对日复一日的未来充满焦虑。那时的我拒人于千里之外，好假装自己没事。我感到很羞耻。其实完全不需要这么做，我应该接受更多的帮助。在那些岁月里，我才发现谁是真的爱我。

问：你现在再婚并且非常幸福，但重新组建家庭也会非常有压力。对此你是如何应对的？

利兹： 当阿尔和我决定与各自的孩子认识时，我们已经热恋6个月了。我们的交往很私密，毕竟我想确保要介绍给孩子认识的这个人会一直待在他们身边。我先见了阿尔8岁的儿子巴迪（Buddy）。我们共进午餐，很快就能融洽地相处。这让我感到如释重负，因为我们可以很自然地相处。在此过程中，我没有刻意讨好。我认为这是关键，因为孩子们可以一眼看穿太使劲儿的人！接下来，我把阿尔介绍给我的孩子，但我把见面分成了几次，因为我觉得一下子见4个真是太多了！阿尔先见了双胞胎，我们一起去看戏，效果很好。然后他见了另外两个男孩，也很好。接下来，更难的是要把巴迪带入我们的大家庭。一个独生子见4个兄弟！我的儿子盖布和巴迪同龄，但性格非常不同，所以我们决定先让两个男孩单独见面。

从第一天起，他们就相处得非常好，真是太幸运了。我们可以创造相处的空间，但我们无法制造出化学反应。真的很幸运。从许多方面来说，他俩融洽的兄弟关系是我们这个新家庭里最大的成就。

孩子们现在处于不同的成长阶段，我们家里有3个青少年，这当然会带来各种各样的问题，但我们像一个团队一

> 样在共同面对，这让养育孩子的过程变得更加有意义。事实上，我不再说我有4个孩子——我总是说有5个，阿尔也是这样说。
>
> **问：你对压力有怎样的看法？遇到压力时你通常会做何反应？**
>
> **利兹：** 我倾向于直接面对压力，尽量不把它藏进心里。把最害怕的任务放在第一位，这是我每天都在做的事。这是一种避免拖延的有效方法，因为拖延通常会延长我的压力。

支持小组

如果你正在经历分手或离婚，重要的是要在你周围建立起自己的"支持小组"。他们不必彼此认识，甚至不一定是在你的生活中的人。让我解释一下。我曾听过一个丈夫患病的女人，她创建了一个基于想象的支持小组，小组成员都是她崇拜的人，包括像黛比·哈里（Debbie Harry）、托里·艾莫斯（Tori Amos）和凯特·布什（Kate Bush）这样的杰出女性。她会想象她们围坐在她丈夫的病床前，并请求她们和她一起祈祷。

你的支持小组可以由真实的朋友和你单纯仰慕的人组成。也许有一个会和你一起哭泣的朋友，一个可以听你倾诉的亲戚，一个会与你一起傻笑的同事，还有一个可以提供想象支持的偶像。

在下面写下你的梦想支持小组成员吧。你需要什么？从谁那里可以得到？无论是想象的还是真实的，尽情去写吧。

新的伴侣关系

读完杰伊·谢蒂（Jay Shatty）的《8条爱情法则》（*8 Rules of Love*），我对恋爱阶段有了新的认识。以前，开启一段新的恋爱关系总让我感觉十分混乱。爱、欲望和兴奋通常会压倒理智。杰伊的解释显得更整洁、更有条理，也不那么有压力。他建议以好奇心、沟通以及更慢的节奏来处理新关系。我一直都很急躁，倾向于让事情赶快进行。但如今，我意识到以更慢的节奏、更慎重的态度来结识新人，是可以减少压力的。

你是如何对待约会的？

如果你像我一样总是急于进入一段新关系，试着去探索一下为什么。我知道，在一段关系刚开始时，除了兴奋之外还伴随着一种恐惧——担心事情不会顺利。就像是我急于从新的关系中获取尽可能多的东西，以防它突然结束。这显然不是最健康的方式。相对不那么有压力的方法是慢慢来。回想以前，如果我对自己感受到的恐惧更加好奇一些，我就可以做些事情来缓解自己的不安全感。

不要着急：对你产生的情感保持好奇，并相信你值得被爱。

一些减少约会压力的小妙招

❋ **展现真实的自己。** 你已经很棒了，足够好了。过去，我常常为了取悦男性而试图变成一个"更好"的自己，希望他们会喜欢我，但这从没有好结果。做你自己吧。当我即将与现任丈夫杰西约会时，我从理查德·柯蒂斯（Richard Curtis）那里得到了一些绝佳的建议。如果你要从某人那里获得爱情参考，那就从这位编导《四个婚礼和一个葬礼》（*Four Weddings and a Funeral*）的男人那里获得吧。我当时正在为穿什么赴约而烦恼，他问我杰西邀请我约会时我穿的是什么。我告诉他是一条裙子和一件乔治·迈克尔（George Michael）纪念T恤。他说："就那样穿吧。它们是你平时会穿的衣服，做你自己就好。"我担心这套衣服太随意了，但还是听从了他的建议，穿着它们去了第一次约会，结果，剩下的大家都知道了。谢谢你，理查德。

❀ **不要把过去的经历带到新的关系中**。如果你过去曾经被甩或是受过情伤，记住现在的情况和那时候的经历没有任何关系。尽量以一个全新的心态去面对。

❀ **不要过度思考**。如果你因为可能的拒绝而倍感压力，请记住：不适合的就是不适合。过去我会认为，遭到拒绝就表示对方认为自己不好，但其实这并不能反映你是谁或者你的价值。

❀ **慢慢来**。就像我之前承认的那样，我从来没这样做过，没有让一段关系自然、慢慢地展开。我总是急急忙忙地向前冲，毫无疑问地错过了设定必要边界的关键机会。听从杰伊的建议吧，让事情像蜗牛一样慢慢地行进。

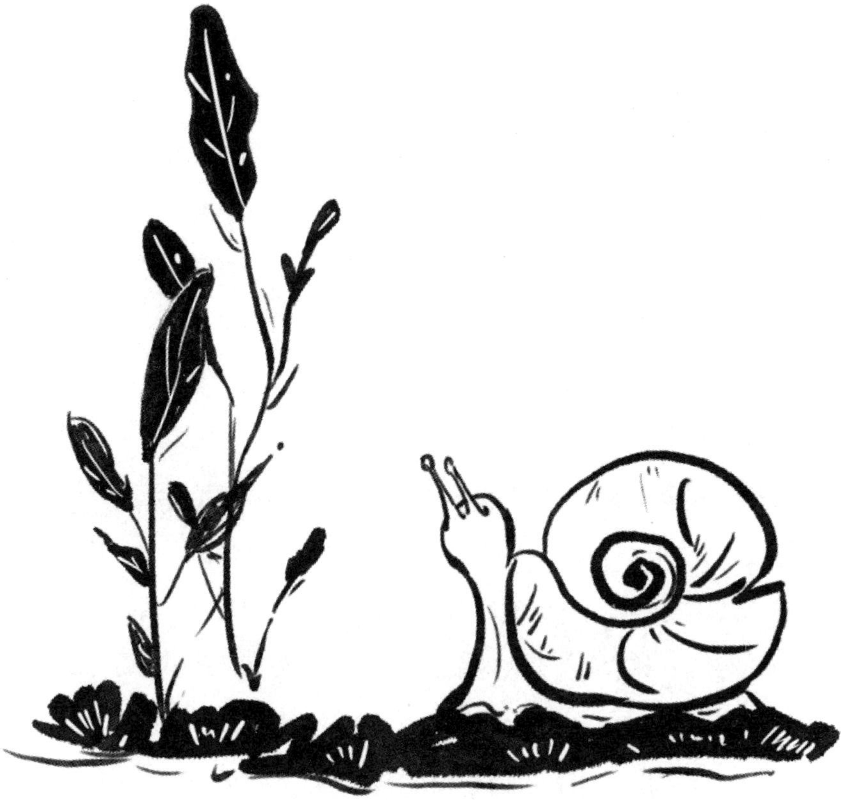

漫长的旅程

长期的伴侣关系会在压力时期提供支持和依靠，但维系这段关系本身并不容易。我和丈夫杰西在一起12年了，在此期间我意识到，任何长期的伴侣关系都需要彼此付出努力。你可能会看到许多情侣照片，他们手牵着手，穿着情侣装，眼里有光，彼此凝视，再看看自己，你会想知道自己都做错了什么。爱支撑着我的婚姻，但沟通、同理心和妥协的意愿对于保持伴侣关系健康都是至关重要的，而这些都不会在帖子中看到。我俩就从未穿过情侣装。努力维系关系，以及持续的沟通听起来不是最浪漫的选择，但我知道，这是驾驭长期伴侣关系的关键。

你可能会发现，和伴侣度过的岁月越长，你就能越发注意到你们之间的不同。你们俩做事方式的不同也可能会给你带来压力，但重要的是，即使存在差异也要彼此沟通。和伴侣之间的差异应该能引发有趣的讨论，让你们的关系更健康。如果发现相处所带来的压力已经超过彼此在一起的快乐，那就是你需要做出改变的时候了。在长期的伴侣关系中，有压力是正常的，只不过日常压力水平过高会对双方的身体健康及长期幸福都不好。

第五章 人际关系

你和伴侣之间的关系存在多大压力?

....

你觉得为此承受这些压力值得吗?

....

在你们的关系中,压力是否远远超过了爱?

....

你能否设立新的边界,或与伴侣展开一场积极的对话,以减少你们承受的压力?

....

....

友谊

　　友谊的结束像恋爱关系破裂一样痛苦，而且往往更令人不知所措。友谊不会有一个明确的结束，我们往往会奇怪于自己为何会感到如此的失落。如果这是一个贯穿你几十年生活的朋友，那结果可能会让你心碎；如果这是你生活中为数不多的朋友之一，你可能会感到极度孤独；如果这是一个你付出良多的朋友，那么你也许会感到非常困惑。

　　以我的经验来看，我认为友谊的结束有两种类型：一个是"瞬间爆炸"，另一个是"渐渐淡去"。"瞬间爆炸"意味着友谊会突然结束，可能是一次激烈的争吵，或是某个重大时刻，让你们双方都怀疑彼此为什么要成为朋友。愤怒的话语冲口而出，友谊的小船说翻就翻。这种结束方式最令人难受，因为我们启动了自己的防御机制，感受到多年友谊的伤害所带来的痛苦，而且这种压力还可能会持续下去。我有一段友谊就是以这种方式结束的，时间已经过去有一阵儿了，但这个人时不时还会在我的脑海里浮现。在这些时刻，就仿佛一个突然出现的压力球重重地砸在我的胸口。我想知道自己可以怎么做来获得不同的结局，也在想可以做些什么来改变和挽救这段友谊，但又会怀疑改变也许没有用，对方觉得已经太晚了。我很纠结到底该不该再接触他们。我想知道是否可以一起努力重建我们的友谊，但又总感觉时机还不成熟。也许浪费时间等待"合适"的时机是不对的，又或者这段友谊终究会随着时间的推移而逐渐消失。没有谁规定你必须维系住所有的友谊，有时人们走进你的生活，过了段时间，他们就离开了。

你有过以类似充满压力的方式结束的友谊吗？如果有，请写下当时是如何结束的。

....
....

你认为恢复这段友谊会给你带来更多的压力还是更少？

....
....
....

如果你认为尝试重拾这段友谊会带来更多的压力，那最好暂时维持现状。当凌晨3点又想起这段结束得很难看的友谊时，我会去回忆过去与这个人共度的美好时光，并尝试把这些美好与友谊结束的痛苦隔离开来。我尽量做到不带内疚、羞愧或心痛的情绪去回忆过去，而只是对我们曾经拥有的表示感激，然后将那些记忆封存好。我不想因为友谊的结束而玷污那些美好。然后，我会将爱传递给对方。

你可以在冥想中练习这一点。最初也许会觉得这不可能做得到，因此，请只在你准备好了后再进行练习。闭上眼睛，想象那位朋友。从对他的既定印象里脱离出来，不要去想那些过往中的痛苦、愤怒的话语、信仰的差异。只需想象他，然后想象发送一道白光给他。身处冥想之中，想象通过这道光束将爱传递给了他。时间可长可短，如果这个人深深地伤害了你，那么一开始你只做几分钟就好，之后再随着时间的推移而增加时长。你可能会觉得他不配你去爱他，其实这是为了释放你自己的压力。如果你能传递爱，同时接受你们之间的友谊已经结束，这会带给你平静，缓解你的紧张。

我曾经被一个人伤害，痛苦纠缠了我好几个月。后来，我在苏珊·杰弗斯（Susan Jeffers）的《战胜内心的恐惧》（*Feel the Fear and Do It Anyway*）一书中了解到这种向对方传递爱的方法，当时我就想说："我做不到。"这个方法让我非常害怕，但我知道自己需要去做。当时我正在度假，所以我游到海里，仰面躺下，想象他的脸。我传递了爱，也许只持续了5秒就放弃了。第二天，这个时间稍微长了一点，第三天更长。经过几周的练习，我开始感觉骨子里有了一种轻盈感。当我想起他的脸时，我感到平静，没有痛苦，没有怨恨，也没有愤怒。虽然这并没有促使我们修复友谊，但确实让我的压力减少了许多。

渐渐淡去

除了突然结束的友谊，还有那些没有理由，或没有明显转折点就逐渐消退的友情。这种结束方式所带来的压力较少，但仍会留下许多问题。如果生活中有一段友谊逐渐淡去，你知道为什么吗？是否存在地理距离、价值观或优先事项的不同？是否由彼此生活中的变化所致？对此，你想到些什么，请在下面写下来。

……………………………………………………………………………………
……………………………………………………………………………………
……………………………………………………………………………………

你对这段友谊的淡去感到满意吗？还是如果能恢复原样你会更开心？你可以采取哪些措施来修复这段友谊？

……………………………………………………………………………………
……………………………………………………………………………………
……………………………………………………………………………………

有毒的人

有时我们可能会发现，自己被卷进一些只会带来痛苦的友谊中。我相信大家都能回忆起自己生活中某些失衡的关系。在那期间，我们被当作言语攻击的对象、情绪垃圾桶，或是被贬低轻视。这段友谊在一开始或许是好的，或是由环境偶然促成，可随着时间的推移，情况变得糟糕。朋友间的相处通常是逐渐发生变化的，所以一开始很难察觉。直到后来，我们才会惊讶，自己怎么会陷入这种有毒的关系中，然后会想如何摆脱这种困境。

在我40多岁的时候，我是真的不想再维系任何让我感到压力的友谊了。人生苦短，少即是多。我只拥有一些牢固的友情，这些友情只会带给我快乐，减轻我的压力。

你是否处在有毒的友谊中？

　　　　　是　　　　　否

如果是，与这个人共度时光后你感觉如何？

....

是什么让你还在维持这段友谊？

....

如果这个人不再出现在你的生活中，你会感觉压力减轻吗？

....

一些减轻友情压力的小妙招

- **少即是多**。花时间与那些让你感到愉快的人在一起,勇敢地远离那些有毒的人。
- **尝试修复裂痕**。如果你非常思念一个从你生活中淡出的人,尝试去修复这段友情。第一次尝试不起效的话,请再试一次吧。有时第二次尝试的结果会更好。
- **不要因为历史原因而维持友谊**。友谊可以部分地建立在过去的基础上,但这不足以使你们毫无压力地相处。
- **做出保持心理健康的决定**。友好地争论是友谊的一部分,但如果变成经常性的冲突就不正常了。

孤独

如果你是基于别无选择或其他原因而独自生活，或是处在一段不适合自己的关系中，你可能会感到孤独，并觉得必须独自承受压力。没人可以倾诉，没人承接你复杂的情绪，这种情况是很艰难的。遗憾的是，许多人为了工作而背井离乡，加上生活节奏越来越快，越来越多的人会因此感到孤独。虽然我们可以通过电子设备与亲朋好友保持联系，但真正的人际连接、眼神交流和肢体接触却在减少。尽管我很喜欢社交媒体上的社群、对话，但面对面的真实人际关系是无法替代的。如果你觉得自己的生活中缺乏这种连接，想想在哪里可以找到这样的机会？有没有一些线下活动或项目是你可以参与的？要不然可以试着与你的邻居开始第一次交谈，或者重新联系某个老朋友。

连接的火花

在接下来的一周里,回到这页,写下任何小小的有意义的连接时刻。这些时刻不必重大,只是些小小的连接火花,比如在商店与收银员的眼神交流,或是对邻居的微笑,这些都算数,都有助于减少孤独感带来的压力。

1 ....
2 ....
3 ....
4 ....
5 ....
6 ....
7 ....
8 ....

面对公众的角色

在工作中与陌生人打交道算是一种关系吗？你可能觉得不是。但其实，这些不起眼的打交道有可能激励我们，也有可能让我们抓狂。在研究压力时，我与那些从事客服和公众服务工作的人进行过交谈。我发现，在自己状态不好的时候，也必须对不满、烦躁以及赶时间的顾客保持微笑，这是会给人带来极大压力的。

我的老朋友之一弗兰是名空姐，她告诉我，在不高兴的时候，面对最粗鲁的乘客也要强颜欢笑，真是让人"压力山大"。弗兰常提醒自己，自己再也不会看到这些人了，以此来释放压力。如果有人对她大喊大叫或是行为无礼，她的办法就是告诉自己，今天的工作总会结束，不像工作之外的那些压力没有个尽头。弗兰还解释说，在工作中，她经常会成为那些疲惫的乘客的出气筒，因为他们刚刚经历了糟糕的一天。多年来，她了解到，并非每个人赶飞机都是去度假。她曾与多年来频繁飞回家参加葬礼，以及经历其他重大人生事件的乘客交谈过。她总是让自己努力记住，你永远不知道他人都在经历什么，所以必须对他们宽容一些。

我认为弗兰的建议可以应用到生活的许多领域中去。当我们在工作中与某个棘手的人打交道时，当遇到路怒者时，或被言语攻击时，我们无法了解对方的压力或他可能面临的困境。这并非在为他人的行为开脱，也不是否定我们自己的感受，但这可以让我们从另一个角度去看待冲突。

不幸的是，许多在客户服务岗位上的人被去人性化，被用来发泄情绪。每天都要应付这种状况可能会使他们对工作产生出离感、积累过多挫折感或是陷入低自尊状态。多年来，我的应对方法是让自己从工作中抽离。也就是说，如果发现工作压力太大，我就会封闭自己，进入"自动驾驶模式"。我会利用学到的技能来完成工作，但情感上完全抽离出去。在我二十几岁在广播电视台工作时，有时就会这样做。如果源源不断的听众反馈让我感到不知所措，或是因为害羞而不想把自己展示出来，我就会开始抽离自己。这似乎是一个无害的应对方法，可以减少压力，但随着时间的推移，还是会有身体上的不适以及情感上的积压需要处理。

一些帮助应对工作压力的小妙招

如果你觉得工作或生活中的人际关系积累了很多压力，是否有办法释放这些压力呢？下次你下班回家，感觉身体里存有压力时，可以尝试以下几种方法：

- 拍打沙发或床上的枕头。依靠这种物理方式来转移愤怒。
- 跑步或在家周围慢跑。把压力跑掉。
- 抖动你的身体。没有特定的方式，只需像野生动物在经历压力事件后那样抖动所有身体部位。抖动你的腿、胳膊、头、臀部来将压力转移。

❀ 深吸一口气，并在呼气时发出响亮的声音。喊叫、呻吟或咕哝都可以释放压力。

❀ 洗个冷水澡，感受压力从你的身体中释放出去。

❀ 下班后写日记，可以帮助分辨你正在经历的情绪。这是培养自我意识的完美方式。写日记可以在你的头脑中创造出更多的空间，使你的思绪变得有序和清晰。

❀ 制定一个日常减压计划。这将帮助你处理每天的压力，预防因长期承受压力而出现躯体化症状。日常逐渐积累的压力如若不处理，会导致更大的麻烦。虽然在当下你可能体会不到它的好处，但从长远来看，这是有效且必要的。

第六章　改变

生活中，唯一可以确定的事情之一，就是我们会经历变化。对变化的不确定性感到确定，这样的悖论让我们对变化感到担忧。变化也可以带来兴奋和成长，只是我们必须消除对它的恐惧，才能体验到其积极的一面。没有什么是永恒的，人生无常，是我们每日都需应对的课题。每天醒来时，我们又老了一天，会经历不同的情绪和天气，遇到不同的人、问题、挑战与事情。如何应对不断的变化，是决定我们感受到多少压力的因素之一。这一部分取决于我们的成长环境和童年时期的榜样，一部分取决于我们经历的变化的严重程度，还有一部分取决于基因。当我采访罗伯特·J. 瓦尔丁格时，他谈到，我们每个人都有一个幸福基准：大约40%的幸福是我们可以控制的，其余的则取决于基因和性格。知道了这一点或许能提振我们的士气。有些人乐观，有些人悲观，这一点大家都知道。因此，如果你天性积极，或许会更容易应对变化；而若是天性悲观，则可能在面对变化时感到挣扎。然而，重要的是记住这个比例：如果还有40%的幸福是我们可控的，那就说明依旧存在很大的改进空间来应对变化。

正如之前提到的，变化可以是压力的巨大诱因，但我们也可以看到它积极的一面。最近，我的女儿结束了小学二年级的学业，即将离开一位她非常喜欢的老师。在学期的最后一天爬上床时，她哭个不停，说她不喜欢如此多变化的感觉。她会想念她的老师，她也非常担心到了三年级会怎样。我们坐下来聊了好几个钟头，最终达成了共识。我用大自然的例子来向她解释，变化是成长和新生的必要条件。大自然中没有什么是保持不变的。每个季节都提醒我们，生命在历经不断变化的周期。春天，小草从冰封坚硬的大地上破土而出；秋天，金色的树叶从树枝上飘落；还有冬季那些光秃秃的树木。这是一个不断变化的循环。如果我们想成长，就必须经历变化。当事情毫无变化时，我们就会停滞不前。因此，应对变化的过程可能很艰难，但也可能是我们成长的契机。

每天，我们经历的变化或大或小。重大的全球性事件会在心理上影响我们大多数人，使我们不得不重新审视自己的信仰和观点，并产生同情心。当我们失去某人时，我们也将被迫经历巨大的转变。微观的变化更为隐密和微妙，例如个人的成长、打破旧习和新观点的形成。

从某些角度来说，随着年龄的增长，我更善于应对变化了，但矛盾的是，我也变得更加依赖于日常惯例和蕴含其中的安全感。现在

第六章 改变

的我40多岁了，知道自己的情绪具有周期性，也更能接受世事无常。对于适应新的人和工作挑战，我更加得心应手了，这是多年实践的结果。但在生活的其他方面，我变得更加固执，像一棵饱经风霜的老树，风吹雨打都不动摇。我需要计划、写详细的清单、设定清晰的边界，这样才能感到安全。在心理灵活性和适应变化方面，我还需努力。大多数人都有害怕变化的时刻，也有完全停滞的时刻，这两种情况都会引发压力。当感到幸福快乐时，我们担心失去；而当我们努力挣扎时，又看不到改变的机会。

我很好奇，如何才能既保持健康的日常生活习惯，又留出即兴与成长的空间。我相信，如果找到这种平衡，并对变化保持平常心，我们就可以更好地应对无常，并能更快地从停滞不前的泥潭里走出来。

你能想起生活中曾遇到过的某个意外转变吗？如果能，请写下来。

....

....

....

....

....

你是如何应对这个意外的？你很可能安然无恙，还经由它让自己变得更为坚韧。在这段意外变化的时期，你学到了什么？

....

....

....

....

即便你被这种变化击溃，你仍然有时间和空间来进行自我成长及恢复。一般来说，当过去的阴影仍盘旋在头顶时，我们通常会感到恐惧、悲伤，承受很大的压力。它们成了新常态，哪怕是潜在的影响，也会从某些方面控制我们的生活，而我们对此还习以为常。想要从这些经历中恢复，意愿是关键。有了变好的念头，疗愈才会成为可能。这可能来自对过去经历的接纳，也可能源于想要变得更加快乐的渴望与决心。总之，没有想要变好的意愿，一切无从谈起。

第六章 改变

停滞不前与走出困境

如果不愿意做出改变，或是拒绝观察周围正在发生的变化，压力就会找上门来，使我们停滞不前，导致倦怠、冷漠、困惑以及身体紧张。

最近，我发现自己陷入了一种糟糕的睡眠循环：除了担心自己每晚无法入睡，还觉得缺乏睡眠会破坏接下来的一天，为此我倍感压力。同时，我还纠结于自己竟被困在了这样一个循环中。接着，我开始粉饰太平，把这种困顿视为接纳。我告诉自己，失眠和睡眠焦虑不过是工作太忙而产生的副作用，是个人就得接受，有些时候就是会感到精疲力尽。我被困住了，因为我不愿意改变。在停滞不前的时候，我会拖延去做那些对自己有帮助的事。要改变自己感觉太难太累了。我积攒了更多的工作，忽略了丈夫让我休息"充电"的建议。从本质上讲，维持现状所需的努力的确更少，但从长远来看，这对我们没有好处。上周，我终于在丈夫的大力鼓动下，联系了一个非常善于处理类似问题的朋友。我们一起在公园里走了很久，我谈到自己被困在这一痛苦循环中，非常焦虑且压力很大。从那之后，他给了我一些在生活中需要调整的建议。虽然不能马上起效，也并非一种万能的解决方案，但我愿意去改变，就像是取得进步一样。

你是否一直在拖延，不愿做出改变？

....

....

在停滞不前的那些日子里，我逐渐意识到，我害怕改变需要付出比现在更多的努力和精力。

你对做出这种改变有什么恐惧？

....

....

....

我还没有解决我的睡眠问题，但通过联系朋友和那次散步，我已经朝着改变迈出了一小步。朋友指出了我的拖延问题，并问了我为什么不愿改变。

你可以采取哪些小的措施？

....

....

相反，我们可能需要一些时间来休息或应对生活中的重大挑战，然后再做出改变。所以，搞清楚自己是在拖延，还是急需休息，这至关重要。最近，作家兼演讲者凯瑟琳·梅（Katherine May）做客

"Happy Place"，我们一起讨论了"冬眠"这一概念。凯瑟琳的《冬季》（*Wintering*）读起来让人如释重负，很多人都有同感。这个所谓"冬眠"的过程，就是指我们自然地退后一步、恢复、蛰伏，简单安静地活着，接纳一切混乱与崩溃的时刻。有时，只有局面失控，我们才能获得清晰的认识，从忙碌的生活中得到一丝喘息。

想想自然界的循环周期，没有什么植物是一年四季都在开花的。你得弄清楚，自己到底是需要放慢脚步，还是在困顿中迟迟不愿改变？

如果你正处于人生的低谷期，请对自己温柔些。善待自己，给自己空间和时间去哀伤，安静地待着，不问尘世。凯瑟琳解释说，当我们真正允许自己这样做时，我们自然会进入一个新的阶段。相信这个"冬眠期"会自然转变是需要勇气的，不过凯瑟琳一直在鼓励我们。

一些帮助你摆脱困境的小妙招

- **跳出自己的舒适区**。步行或骑车上班，而不是乘地铁、坐公交或是开车；午餐时试吃一些新的菜式；和一个你从没接触过的人聊天，比如工作中或学校里的某个人。证明自己能够在小事上做出改变，有助于我们建立信心去实现更大的改变。
- **将闹钟提前30分钟**。利用这段时间写日记，为自己做一顿美味的早餐，或是阅读一本你喜欢的书。更新日常生活可以促进转变，并让你收获新的视角。
- **给你想念的朋友写张明信片**。当我们感到被困住时，与他人联系可以成为真正的救命稻草。收到一封信或明信片比收到信息更有意义且令人兴奋。你会惊讶于自己的朋友竟然很喜欢这种方式，以及这样做带给你的快乐。
- **改变你的晚间习惯**。要是常看电视，便尝试与朋友或邻居在晚上散步。如果常窝在床上刷社交媒体，那便试着放下手机，换一本内容积极的书来读。细微的变化有助于建立自信。扫除旧习，并做出积极的改变能让我们更为信任自己。
- **发挥创造力**。困顿时，创造力是我的救星。写作和绘画都可以让我迅速摆脱困境。不用追求杰作或是令人满意的作品，一切都是关于创造的体验。我们也可以用"流动"来描述创造力，因为有不断的进展和变化。当我们处于这种状态时，很难感觉被束缚或停滞。不妨拿起一支铅笔，看看你的思绪会自然流淌出什么。

❀ **到户外走走**。如果遇到写作瓶颈，我就会放下手头的笔，到户外去。有时，光是新鲜的空气和周围的绿色植物就足以让我重新振作起来。如果你感到困顿，任何形式的户外散步（如果你能做到）都可以帮助清理思绪并提高能量水平。你今天到户外走了吗？

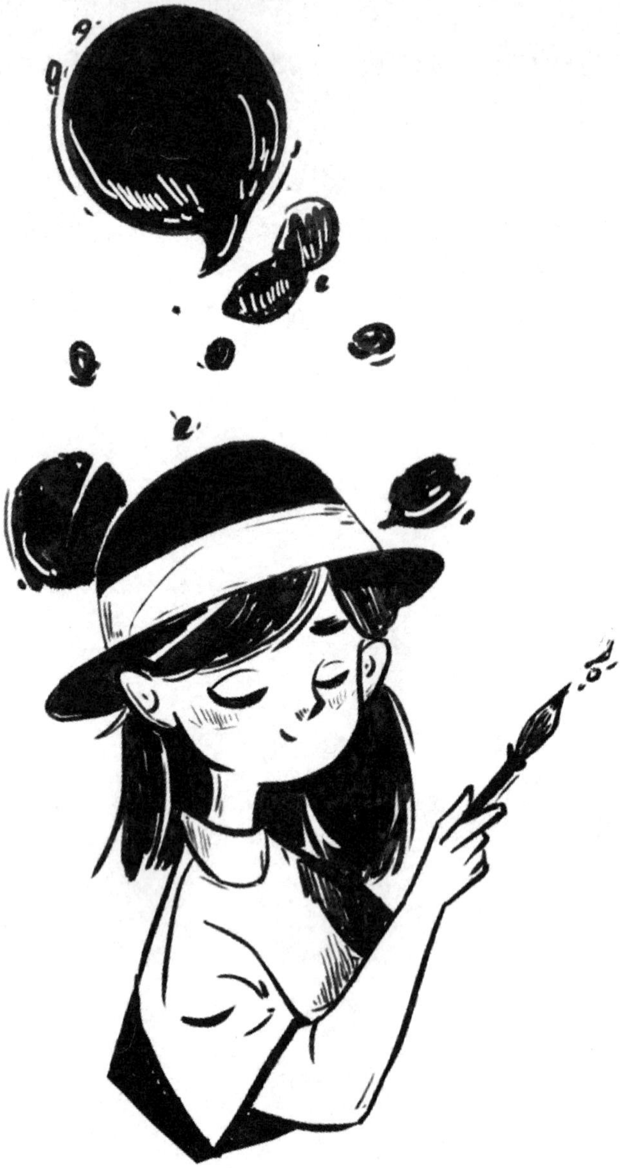

这些建议看起来似乎与你被困住的状态毫无关联，但它们可以逐步提升你的信心，帮助你对生活做出调整。面对重大改变所需肩负的责任，我们也许会畏缩不前，因此，从小事开始，看看它们会带给你怎样的感受。

关于创造力的一点说明

> 如果你从事创意工作，有一点很重要，那就是灵感是时有时无的。我在撰写本书的过程中也有过那样幸福的时候，我的手就像在键盘上跳舞，灵感源源不断地涌出。但有时，我一天只能写出一段话。我感到困顿，压力席卷而来。我非常庆幸自己能从事创造性的工作，但我也深知那种充满未知、不稳定以及战战兢兢的创作状态。

接纳

在本书中，我们探讨了许多减压的小妙招，可有些事情是我们无法改变的。我们也许会希望可以改变周围的人、天气或是他人对我们的看法。如果这一切无法改变时，减压的唯一办法就是选择接纳。

我现在就必须练习这一点。因为距离"Happy Place"庆典只剩下8天了，而英国变幻莫测的天气让我十分头疼。我极度希望所有来参加的人都能度过一段美好的时光，并在离开时感到焕然一新，充满活力。因此，我甚至都不敢写"下雨"这个词，害怕会招来厄运。当然，我知道自己无法控制天气，也没法控制人们对庆典的喜爱程度。接纳这一点是让我能够睡着的唯一办法。作为一个团队，我们唯一能做的就是，尽全力确保整个庆典期间有精彩的演讲、丰富的工作坊和课程，其余的只能听天由命了。几个月后，我在编辑这本书时终于可以告诉你，庆典那几天遭遇了大风黄色预警，但没关系，我们都应付过去了。每个人都玩得很开心，整个团队也获得了宝贵的经验。从这次经历中，我们成长了，也树立起了信心。

我在这么多年的工作中获得的一个重要认识是，接纳并不等同于失败。接纳不是放弃，而是一种减轻压力的平和选择。另一个表达放弃的词是"投降"，它传达出另一种不同的感觉。放弃是无奈地举起双手，挫败地鼓起腮帮子。而投降更为冷静，是我们经过深思熟虑后选择的接纳。接纳也许改变不了我们所面临的困境，也不可能完全消除所有的情感问题，但它肯定会大大减轻我们所感受到的压力。

你能接纳生活中那些无法改变的部分吗？写下你对此的感受。

....

....

....

接纳并不容易，它需要勇气、努力和力量。我不认为有人天然比其他人更擅长接纳。我们都有这种能力，有时只是需要多一些支持。

一些帮助学会接纳的小妙招

- **记住：这不是件容易的事**。接纳需要付出许多努力，但并非无法做到。
- **想想抗拒会带来的压力**。你在对抗什么，这样做耗费了你多少能量？当发现自己在对抗那些不喜欢或无法改变的事情上浪费了多少时间和精力后，我们就知道接纳的好处了。
- **表达你的情绪**。找一个你信任的人谈谈，或者把你正在经历的感受写下来。如果尝试接纳让你感到悲伤、生气或沮丧，那便承认这种感受并谈论它。感受自己的情绪没有错。我们是人，我们活着的使命不是要把一切都做到完美。承认自己的情绪使我们能更轻松地处理它们，而不是被困在其中。
- **善待自己**。如果你发现自己很难做到接纳，试着以自我同情的态度来看待你面临的挑战。这些事情需要时间，这很正常。

丢掉工作或被裁员

丢掉工作，或是决定跳槽离开自己的工作岗位，这都不是什么让人高兴的改变。和许多人一样，我也曾被解雇过，那感觉真是太糟糕了，不仅压力巨大，还会强烈地怀疑自我并进行深刻的反思。电视行业有个不成文的规矩，那就是可能会在没有正式通知的情况下被解雇。我曾一打开电视，就看到其他主持人出现在我负责的栏目里，但我却没有得到任何通知。现在回想这些过往，我大可一笑了之，因为已经是过去时了，但在当时，那是极具压力和羞辱感的时刻。在经历无声的解雇后，我时常陷入自我怀疑的漩涡，想知道自己还能不能找到工作，或是质疑自己要如何养家糊口。

其实，这些都是很正常的情绪。因此，如果你最近丢了工作，有这种痛苦很自然，但它不会永远持续下去。

失业后重新振作起来会让人感觉有些挣扎，因为自信在这时已被打击得体无完肤。我们通常会认为，解雇意味着自己表现糟糕，不值得被留用。因此，重新开始需要很大的韧性。

提高自信的小妙招

❇ **记住你所具备的工作技能。** 这些技能是无法被夺走的，一定有某个地方需要像你这样的人。或者，你可以利用这些技能自己开始创业。

❈ **从失业中总结经验**。我的经验是，永远不要对一份工作感到自满。我每次获得工作机会时都心存感激，并且我也变得更加坚韧，因为必须跳出框框去推进新的项目。

❈ **如果你对即将到来的工作面试感到害怕，那就像大猩猩那样站着**。这是我的朋友贾斯廷教我的，我至今还在用，而且传授给了我的孩子们。双腿打开与臀部同宽，双手放在头上成V形，就像某些超级英雄那样，然后沉肩、抬下巴、双眼凝视前方。现在，你已经获得了来自大猩猩的能量加持，所以，带着你的目标进去面试吧。当然，在进房间之前放下手臂，记住这种姿势带给你的自信，并让它引领你在房间中去表现。

❈ **请记住：每一个成功的人都曾遭受过重大的挫折**。我采访过的每一位成功人士，无论是作家、体育明星、商人，还是演员，都曾在某个阶段遭到过拒绝。这是通往成功的必经之路。

❈ **尝试和失败总比什么都不做要好**。即便被打击拒绝，但起码勇敢地尝试过了，所以，为这样做的自己而感到骄傲吧。

❈ **创建愿望清单或愿景板**。你可能会觉得没必要这样做，但这确实是一个非常积极的练习。现在就可以试试，在一张纸上或是你的日记本里，写下你真正想做的工作。如果有帮助的话，还可以加上一些图片。虽然这些目标和梦想不能马上实现，但写下它们有助于你梦想成真。

搬家

搬家是短期压力中最令人头痛的事情之一。即使是计划周全的搬家，我们也会因为要忙于行政事务、不断变化的时间安排以及打包等实际操作而感到厌烦。此外，搬家还会引发情感上的动荡。家是我们的避风港，是我们面对外界的安全感来源，因此搬家会让我们感到脆弱。我们失去了那种安全和舒适感，生活中的一切似乎都乱套了。我和杰西曾做过一个疯狂的决定，那就是在一个月之内同时搞定搬家和结婚。于是，我第一次尝到了被生活中的变化弄得焦头烂额的滋味。这期间，实际的整理工作量之大，以致于几个月后我才感觉自己的生活重新变得井井有条起来。

搬家之所以会带来压力，是因为这可能会影响到我们所爱的人。这意味着，你或许要离开亲朋好友，搬到一个你不认识任何人的地方；你的孩子要去新的学校，你或许会担心他们不知如何应对这种变化。我有位闺蜜最近从伦敦北部搬到了惠特比湾，因此她的两个儿子不得不去新的学校上学。对此她感到压力很大，担心他们不知道该怎么办。但其实孩子们往往比我们成年人更具适应能力。他们的大脑比我们适应得更快，还会培养韧性以应对未来的变化。很幸运，这两个男孩已经交到了很多新朋友，对新环境适应得很好。

好消息是，搬家的压力通常是暂时的。尽管当时可能会觉得压力大，但在新地方安顿下来后，这种压力就会逐渐消失。如果你像我一样，对视觉上的混乱感到非常头疼，请记住这也是暂时的。虽然可能需要几个月才能让新家井井有条起来，但你最终会做到的。

第六章 改变

怀孕和新生儿

怀孕时，身体会经历巨大的变化，而且几乎没有任何预警。我们大概知道自己的肚子会变得多大，但很少有人会提醒我们，这期间还要经历激素波动、肋骨疼痛、睡眠困难、乳头肿大、情绪起伏，以及有些人会像我那样，忍受长达9个月的剧烈呕吐。

我怀着哈妮的那段时间真是艰难，满是恶心与波折。曾经喜欢的气味我全都讨厌，状态不好的时候甚至无法开灯。我在网上搜索其他人是怎么应对的，并尽量让自己活在当下，避免去想还要忍受多少个月这样的痛苦。每日每夜，我都像是待在一艘正经历风暴的船上，自己还喝醉了。如果杰西烤了面包，我马上就得跑到街上去躲避气味。车里的味道也让我作呕，洗涤剂的香气更是让我脚指头都绷紧了。有时，我感觉自己真的快要撑不过去了，因为即使做最基本的事情也需要付出巨大努力。这段变化的时期带给我的好处是，我被迫学会了倾听自己的身体，因为没办法忽视它的需求。我的身体在大声告诉我，要多休息，放慢节奏，依照直觉行动，而不是硬撑下去。虽然这并不容易，因为我还要工作，还要照顾一个两岁的孩子和两个继子女，但我不得不好好地照顾自己，我必须这么做。当然，在看到孩子降生后，一切的恶心和剧烈呕吐都值了。如果你在怀孕期间因为一些事情而感到压力很大，请知道这是完全正常的。你正在面对巨大的变化，并且必须快速适应。

新生儿的降生是我们能经历的最重大的生活转变之一。这是一个美妙且奇迹般的变化时刻,但这并不能减轻随之而来的压力。生活来了个180度大转变,我们必须立刻适应,你即将面临睡眠不足、社交生活减少、没有任何空闲时间,哦,对了,还有一些人会出现盆底肌功能减退问题。我并不是在这里卖弄,我只是想要你们清楚地知道,新生命所带来的令人怦然心动的欢欣背后,是生活巨大的转变。从没有孩子到有一个孩子,或是再到有更多孩子,我们必须不断适应每个阶段及其变化。我以前天真地想,一个新生儿怎么可能占据那么多人的时间,我以为他整天都在睡觉,偶尔吃点东西而已。但现实很快打脸,打盹儿和喂奶的循环是无休止的,更何况情绪上的担忧几乎占据了你所有的头脑空间。

在这个时候,过度担心或感到焦虑是很自然的。检查宝宝在睡觉时是否还在呼吸,这很正常。担心自己喂得太多或太少,担心自己拍嗝的手法不正确,怀疑是在瞎弄,都没有问题。总之,所有这些担忧都很正常,许多人也有着同样的感受,希望听到这些能帮助你减轻照顾新生儿的压力。

减轻育儿早期压力的小妙招

❋ **不要害怕寻求帮助。** 给你的邻居发短信,问他们是否可以给你做一些可以放在冰箱里的汤。给你的朋友打电话,问他们是否可以帮你带一个小时的孩子，让你小憩一下。

❀ **不要担心让客人先离开**。在这期间，一定会有很多可爱的人想来看看你的宝宝，但在变化巨大且极度疲惫的时期，你最不想看见的就是某个亲戚跑过来，还要在家里待上5小时。所有来访的人都应该知道并理解"半小时规则"：进来抱抱宝宝，半小时内就离开。

❀ **不要担心家里凌乱**。我很希望自己能在孩子们还是宝宝的时候，少点儿这方面的担忧。由于从母亲那里继承了一些"洁癖"，一开始我很难做到这一点，但试图在照顾新生儿的同时依然保持家里干净整洁又会耗尽自己的精力。洗碗之类的事放到以后再说吧。

❀ **给自己留些空间**。不要太在意没有回短信或是打电话给朋友。每个人都会理解。对自己温柔一些，按照你舒服的节奏来。

❀ **不要独自承受**。当你对与宝宝相关的事情感到担忧或焦虑时，你要向他人求助。给朋友打电话，给亲戚发短信，问任何你想问的问题。在线论坛也是个好地方，就是要小心，别和其他父母或是他人的育儿经历做比较，毕竟，每次怀孕以及每个宝宝都是不同的。

❀ **如果需要好好哭一场，那就哭吧**。无论你是妈妈还是爸爸，感到情绪起伏不定是完全正常的。哭泣有助于释放压力和负能量，所以大哭一场吧，如果感到受不了了，赶紧打电话给你爱的人。

❀**母乳喂养并不总是最佳选择**。如果你发现母乳喂养有困难，不要感到羞耻或失败。与产科护士交流，看看他们能否帮到你。无论你做什么，都不要责备自己。你已经做得很好了。

第六章 改变

告别

　　失去某人是我们所经历过的最具压力的生活体验之一。悲伤重重叠叠，时间停滞，一切都改变了。如果失去了心爱的人，你会感觉自己再也无法从这种失去中恢复过来；若你们的关系复杂，你可能会感到困惑和焦虑。经历悲伤的道路各不相同，如何在情感上处理这种失去，对每个人而言都是个性化且独特的。

　　多年来，我采访了许多人，和他们也谈论过关于死亡和失去的话题，无论是在哪里，我们都不大擅长谈论死亡，也容易压抑悲伤。首先，来看看我们对死亡的文化观念。许多人害怕死亡，因此大家基本上不谈论它。在对话中，我们会尽可能地使用其他说法来委婉地表述，例如"过世了""失去了"或"走了"。"死亡"这个词听起来太过终结，但它的确就是终结，我们明确知道这一点。

　　当我采访凯尔西·帕克（Kelsey Parker）谈到她因脑瘤去世的丈夫汤姆（Tom）时，她讲到与孩子们讨论这个话题时，使用确切和直接语言的重要性。她不想用误导性的说法进一步哄骗孩子们。她觉得告诉孩子们他们的爸爸在天上和天使在一起是不对的，因此她小心翼翼地向他们解释，他们的爸爸死了。我非常钦佩凯尔西，她勇敢又诚实地与孩子们展开了关于死亡的对话。她决心展示失去爱人之后的生活，并成为单亲家庭的灯塔，为他人提供指引。

　　和大多数人一样，我避免思考死亡。我相信这是我们都有的自然倾向，不愿直视它，但有些人没得选。我的密友克里斯·哈伦加（Kris Hallenga）不仅私底下会提及死亡，还制作纪录片，写书并在社交媒体上引导关于死亡的对话。克里斯在23岁时被诊断患有乳腺癌，过去的14年里，她一直与绝症共存。克里斯大方地引导我接触这个话题，让我对此变得好奇而不是恐惧。克里斯别无选择，多年来，在致力于尽情生活的同时，她也承受着死亡的临近。令人难以置信的是，每天思考死亡和尽情享受生活并不冲突。我们也许会认为，生活在死亡的阴影下会让人倦怠，充满挫败感，但实际上，情况恰恰相反。

承认死亡会引发一种意识，即我们没时间去浪费生命了，克里斯在大部分时间里都是带着这种意识生活的。

就在上周末，她为家人朋友提供了一次灵性体验，也为我们提供了一次思考自己的死亡以及如何面对死亡的机会。克里斯组织了自己的"生前葬礼"，并称之为"喜乐会"（FUNderal），因为她希望这是一次对生命的庆祝。对此，我曾感到担忧，我不确定自己能否在她还活着的时候向她告别。一般来说，我们都是等到那个人不在了才想起来应该告诉对方，他对我们来说有多重要。克里斯不愿意死后才做告别，这完全符合她一贯的生活作风，她从不按常理出牌。那天，我们在福音合唱团演唱时嚎啕大哭，在朋友们发表深情演讲时互相拥抱，在喜剧演员表演时大笑，随着DJ的音乐疯狂起舞，看着闪耀的灯球在大教堂上空投射出斑驳的光点。我们庆祝生命，也直面死亡，不仅是克里斯的死亡，还有我们自己的。这是我生命中最美好的回忆之

第六章 改变

一，它改变了我对生命和死亡的看法，让我重新审视自己该如何度过每一天，并减少了我对死亡的恐惧。如果我们能自然地讨论死亡，虽然无法消除失去某人的痛苦，但可以帮助缓解我们对死亡的恐惧，从而减少压力。如果死亡成了一个禁忌话题，它只会变得越来越恐怖。

现在，让我们来讨论一下悲伤以及随之而来的压力。和对待死亡一样，在西方世界我们表达悲伤的方式也比较保守。一开始或许有一段哀悼期，但随后就会试图赶紧回归正常生活。我们经常觉得自己只能这么做。有的人会通过压抑情感和麻痹痛苦来应对悲伤，有的人则会经历长期的低落或生活被改变的焦虑。悲伤疗愈专家唐娜·兰开斯特经常谈论并书写那些未被处理的悲伤。她认为，如果我们不允许自己尽情地悲伤，我们就会陷入负面的情绪、情境和心态中，而适度的悲伤需要空间、时间及帮助和支持。唐娜教会我的另一件事是，悲伤是一个非常身体化的过程：你可能会感觉骨头很沉，有些地方疼痛或酸痛。这是一个涉及心灵、精神和身体的完整过程。悲伤是痛苦的、令人疲惫的，常会造成生活的重大改变，但我们必须自己挨过去。悲伤也不是线性的，它会有不断变化的阶段，可能是愤怒、是崩溃，也可能有片刻的平静，然后循环往复。

与悲伤共处可能会非常艰难，所以如果你需要更多的帮助，不要害怕向周围的人求助。有许多关于悲伤的优秀书籍，例如唐娜·兰开斯特的《桥》（The Bridge），我们还有多期"Happy Place"播客节目也讨论过这个话题。我与克洛弗·斯特劳德（Clover Stroud）谈论过她失去姐姐的经历，以及那种身体化和触及深层情感的悲伤体验。我还与阿什利·凯恩（Ashley Cain）讨论了他女儿去世后的悲伤。他勇敢地和我分享了他真实的情感，至今令我难以忘怀。我还在比约恩·纳提科·林德布拉德（Björn Natthiko Lindeblad）去世前一个月与他进行了交谈，我们谈到了悲伤、死亡和告别，那是我生命中最有力量的一场对话。

  我丈夫在20多岁时突然失去了他的母亲。那种悲伤是种尖锐的、令人震惊的痛苦，处理后事的压力和负担也很大。我希望他的故事能给予你一些慰藉。

与丈夫杰西的谈话

问：杰西，请告诉我你妈妈去世时的情况以及你的感受。

杰西： 我的继兄杰米（Jamie）在6月11日打电话给我。那原本是一个温暖美好的日子，当时我还住在萨默塞特。我记得我站在碎石车道上，接起电话，低头看着地面。然后杰米告诉我，警察刚刚过来，告诉他妈妈去世了。你知道那种电影里的镜头技巧吗？看起来人像是同时在前进和后退，这听起来有些奇怪，但当时的感觉就是那样，我整个人都恍惚了。我知道她当时经常出去鬼混。去世前的一个月尤其不安稳，我知道她酗酒并且在吸毒。对此我很是担心，因为她已经57岁了，我害怕毒品会对她造成不良影响，但我从没想过她会死。结果，她死于吸毒过量。那种情感非常复杂，因为你开始意识到，那个生育你的人已经不在了。那种感觉我可能永远都无法完全忘记。

问：你是如何应对失去她的压力的？

杰西： 直到现在，我还是个正在康复中的酒鬼，因为当时我是通过酗酒来应对的。回顾过去，我已经与当时的应对机制和解了。那时候的我太过于震惊，发现饮酒可以麻痹感觉，能给我带来安慰。直到最近的10年里，我才戒酒并开始处理悲伤和压力，开始理解为什么我一直在逃避。我现在有了更好的应对压力的办法。我学会了许多技巧，比如定期锻炼、和你（我的妻子）谈话并且每天冥想。每天早上，我都会做7分钟的在线冥想。我总是尝试跳出来观察自己，识别过去的模式。在参加了霍夫曼（Hoffman）的自我发现及情感疗愈课程后，我发现整合自己的童年经历，以及观察成年后自己是如何应对压力、痛苦和逆境的，是一个非常神奇且有效的过程。

问：你是如何处理母亲过世后的一些文书工作和行政事务的？

杰西： 很幸运，我的舅舅们，即妈妈的3个兄弟帮助了我，但当时我的精神状态很差，所以具体这段时间是怎样过的我已经记不清楚了。我们一起安排了葬礼，那感觉太不真实了。一切都糟透了，她走得太突然，出乎我的意

第六章 改变

料。整个安排葬礼的过程我都浑浑噩噩的。直到现在，那种突然的失去仍旧让我感到迷茫，有时候我甚至会欺骗自己，认为她还活着。

我父亲的兄弟阿特（Art）在整个过程中也给了我很多支持和帮助。当时我还有一个年幼的孩子阿瑟需要照顾，他让我转移了注意力。我还尽量把注意力放在葬礼上会用到的美妙音乐上，并选择了酷玩乐队（Coldplay）的《科学家》(*The Scientist*)，这首歌用在那里太贴切了。专注于音乐的力量使我在那天有了一个可以寄托的支撑点。

悲伤从未完全消失，但若是因悲伤而勾起深深的痛苦时，我就会看看母亲有多少特质在我的4个孩子——阿瑟、萝拉、雷克斯和哈妮身上得以延续。这总是给我带来极大的快乐，并且非常治愈。

杰西，非常感谢你和我们分享这些。我知道，开口讲述这些不是件容易的事。我们经常谈到他的妈妈克里西（Krissy），家里到处放着她的小饰品和照片，让孩子们感觉她依然在我们身边。

做出决定

回想一下你上一次做出重大决策时的情景，回想一下不得不做出改变人生轨迹的重大决定时所面临的压力。之所以压力巨大，是因为在此刻，我们感受到了沉重的责任。我们深切地知道，自己的决定将影响我们的整个人生。任何一个成长在20世纪90年代的人都可能看过一部名为《滑动门》（*Sliding Doors*）的电影，影片中格维妮丝·帕尔特洛（Gwyneth Paltrow）饰演的角色，其人生就因为是否上了某节伦敦地铁车厢而走向了完全不同的两条道路（还配有两种不同的发型，其中一种是90年代流行的短发，至今我都很喜欢这种发型）。从那时起，我就对这种因缘际会的时刻着迷不已。每当我们需要做决定时，总是充满了未知。再是精心策划，我们也无法预知事情将如何发展。不确定性会让人感到压力很大，因为我们本能地会在熟悉的环境中感到更安全。

你上一次不得不做出的重大决定是什么？

....

....

....

....

你是如何做出这个决定的?

....

....

....

有些人会跟随直觉,但在更复杂的决策中,列个清单也很有帮助。查看优缺点列表是帮助人们做决策的一种基本方法,也是我至今依然经常使用的方法。

你现在有决定要做吗?

     有   没有

是什么决定?

....

....

列出优缺点,以帮助你清晰地了解自己的真实感受。

    优点   缺点

....

....

....

....

你觉得从这个清单中得出的结论对你来说是正确的吗？你在得出结论时，是否本能地感到轻松？是否有些小小的兴奋？

是　　　　否

如果不是，为什么你会有这样的感觉？

....

....

....

最近有人告诉我，寻求建议时最好只咨询两个人。再多的话，我们的判断就会开始变得模糊，面对各种意见而不知如何是好。如果能选择两位你知道可以提供公正且理性的建议的人，就坚持找他们。不要找那些与此决定有利害关系或情绪化的人。

你选择的两个人是谁？

1..

2..

记住：无论决定是什么，都会引领你学习和成长。我不确定是否有绝对错误或完全正确的道路。哪怕犯最大的错误也可以让我学到东西，并且让我变得更为坚韧。如果你选错了，不必让它成为决定你一生的事情。你可以后悔，可以去设想自己本该如何如何，但请试着接纳。接纳是减轻压力的关键。生活是混乱的，不同的路径往往通向不同的目的地。总之，走错路不代表结束。

全球问题

除了感受日常生活中的变化带来的压力外，全球范围内的持续变化也会引发不同程度的压力，无论是政治局势、气候和环境问题、通货膨胀还是种族歧视。这些问题中，有些你可能特别关心，有些能激发你的同情心，还有一些会让你愤怒。

当我们不理解周围发生的事情或感到无能为力时，压力就会尾随而至。新闻中充斥着可怕的故事，它们会让我们感到不安，并且不知所措。如果日常生活的负担已经很重了，我建议你少看些新闻。如果你已经精疲力竭，我相信你肯定再无力承受负面新闻所带来的压力。如果你是那种看到悲伤的新闻会沉浸进去，从而陷入低落情绪的人，那么请你记住，新闻通常只关注负面消息。是的，在全球范围内确实发生了很多可怕的事情，但也有许多充满爱心的瞬间、无私付出的人们和正在发生的奇迹。

压力大的时候，寻找充满希望的积极故事。我向你保证，它们是真的。

如果有些问题让你坐立不安，那么减压的方法之一就是采取行动。如果你特别反感虐待动物，可以试着去找到相关的本地组织；如果不同意某些国际化品牌的运营方式，那么或许可以考虑转为支持本地的产业以及小型企业；如果对环境问题十分敏感，可以尝试在社交媒体上关注一些倡议清洁海洋、保护气候或土壤的慈善机构……我时常因为一些心理不健康人群、精神病患者缺乏来自社会的帮助和支持而感到非常郁闷。我采访过无数感到绝望、被忽视并无法获得所需帮助的人们，我也经常和他人深入讨论这个话题。也有人会给我发邮件分享他的经历或见闻，或在街上向我讲述他的困境。我尽量将这种郁闷和压力转化为工作的动力。对此，我有着宏伟的计划，虽然需要时间去落实，但我有动力去做得更好。

面对让你感到压力很大和痛苦的问题，找到同样关心它们的人不仅能减轻压力，还能赋予你力量。去网上或现实生活中寻找与你志同道合的人吧，人多力量大。

几年前，我与"地球升起团队"（Earthrise gang）的发起人、气候活动家杰克（Jack）和芬·哈里斯（Finn Harries），以及电影制作人艾丽斯·艾迪（Alice Aedy）谈话时，芬说到了职业倦怠的问题。他们的团队在气候变化领域不知疲倦地创造着内容，积极工作着。通过线上宣讲，线下与社区合作的方式，他们在环保宣传方面取得了卓越的成绩。但有时，这些成绩也会被可怕的统计数据、政府否决环境协议、无人响应等现实所埋没。这一切都可能导致倦怠，而倦怠是一种全身心的疲惫。当你感到倦怠时，意味着你需要休整了。

倦怠

什么是倦怠，它与压力有何不同？倦怠是由没有休息引发的压力累积所致。以下是倦怠的症状：

- ❀ 身体疲劳
- ❀ 心理疲劳
- ❀ 情感疲劳
- ❀ 创造力枯竭

你可能会出现疲劳、失眠、情绪低落、抑郁、头痛和饮食习惯改变等症状。因为惯于把自己逼到极致，我曾多次经历倦怠期。取悦他人和追求完美也是导致我倦怠的两个致命特质。这些时候，我会感到不堪重负，感到无法应对，身体极度疲惫，直到最终把自己搞得精疲力竭，因为我不敢相信自己应该去休息。

在撰写本书的过程中，我又差点儿把自己燃尽了。我同时在处理多个"Happy Place"的项目，还要兼顾家庭生活，对自己也很苛刻。一旦开始过度思考，我就知道倦怠又要来了。这对我来说是一个真正的警示信号：精神上不堪重负，然后是身体疲劳，出现胃部紧张和头痛等，失眠和易怒烦躁也接踵而至。不过，你的倦怠警示信号可能与我的不同。

列出你在濒临倦怠时会出现的症状。

....

....

....

倦怠就像撞上了一堵墙。你已经没什么可以给予的了，也许会开始对你热爱的事情感到冷漠，因为你没有能量了，无法应对日常生活。我们必须留意自己是否开始进入倦怠期，以免造成更多的身体和情感伤害。你可能会抗拒这个想法，想再卷一卷自己，但要是你生病或心理崩溃，这可得不偿失。如果你认为自己正在经历倦怠期，那必须做出调整：第一步就是去休息。

如今，我们都不擅长休息，"休息"一词几乎从我们的对话中消失了。我们将其视为一个贬义词，与懒惰或软弱同义。实际上，休息是减压最重要的方法之一。我也是直到现在才开始意识到它在缓解压力方面的重要性。对每个人来说，休息的定义是不同的，因此要找到适合自己的方式来平静神经系统以及让情绪恢复。这也许是某天不看手机或笔记本电脑、白天打个盹儿、慢悠悠地享受一个周末、休假一周，或是某一个月的晚上早点上床。休息的方式没什么对错，只要你放慢脚步，冷静下来，就都是好的。

帮助休息的小妙招

✿ **记住：你应该休息**。不管别人是否比你更努力，也不管你还有多少事情要做，如果感到倦怠，你就需要休息。

✿ **每天抽出时间感知自己的心理、情绪和身体状态**。找到感到紧张的地方，温和地提醒自己做出改变，以缓解紧张感。

✿ **停止炫耀你做了多少事情，以及还有多少事情要做**。我不是在责怪你，而是在责怪社会。我们已经被洗脑了：强调自己做了多少事，以及休息得很少仿佛成了荣誉的象征。生活当然可以非常忙碌，工作和家庭也会占据很多时间，但我们必须找到享受休息和放松的方式。如果有人问你最近怎么样，请不要立刻又开始说自己还有多少事情要做。挑战一下自己，说说你为自己腾出的休息时间，或即将实施的休息计划。这会鼓励其他人也这么做的。

✿ **正大光明地享受休息时间**。沉浸在休息的时光里，就像在给电池充电，这样你才能重新回到美好的生活中继续发光发热。

倦怠不仅仅是心理上的，也是身体上的，所以，你的身体也需要休息。无论是用步行代替跑步、每天做伸展运动，还是练习睡眠瑜伽都可以。睡眠瑜伽是一种深度、静止的冥想。如今，网上有很多在线课程可供选择，我们的"Happy Place" App 上也有很多。

通过体感活动来获得镇定，这对倦怠非常有效。尽管费用很昂贵，但如果你能尝试按摩或反射疗法，效果是立竿见影的。反射疗法对我很有用，它能放松我的身体，有助于缓解肾上腺疲劳，并且感觉非常愉快。当倦怠来临时，我们的肾上腺真的会感受到压力。这个位于肾脏上方的小腺体负责制造类固醇激素——肾上腺素和去甲肾上腺素。这些激素能帮助我们控制心率和血压。当感到倦怠时，这个可怜的腺体就会超负荷工作，不断分泌肾上腺素。反射疗法可以极大地帮助我们重新平衡肾上腺，镇静整个神经系统。你也可以请你的爱人或最好的朋友帮你按按脚，并在网上查找针对身体不同部位的足部穴位进行按摩。

你还别不信，若是感到倦怠，首先要做的就是把自己放到第一位。即使这会让你感觉不舒服，又想批评自己，觉得这是自我放纵，但也请这样做。如果你继续奔波，还要拼命地卷自己，倦怠就可能会导致其他身体症状和疾病产生。感到精疲力尽了，休息是最好的办法。相信我，你应该去休息。

对你来说，怎样算是休息？

....

....

....

下次，当自己又冲动地想要强撑过去的时候，能否尝试给自己一些休息的时间？给你的身体和大脑来个小小的休息怎么样？下次你愿意休息时，可以试试以下的方法：

❀ 盖条厚毯子窝在沙发上。
❀ 进行一次在线冥想。
❀ 到大自然中轻松地散步，别带手机。
❀ 远离电子设备1个小时。
❀ 半小时的静默。
❀ 听着音乐，泡个热水澡。
❀ 一整天都以平时一半的速度慢慢行事。
❀ 设置自动回复邮件，让他人知道你暂时不在。

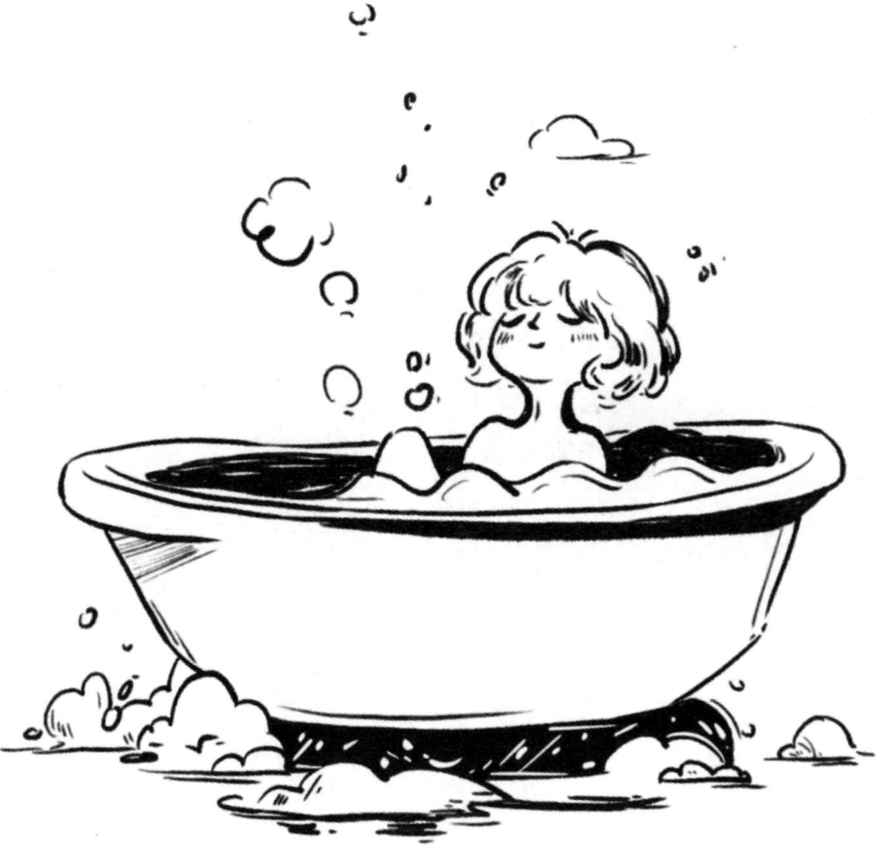

第七章　解决方案

撰写这本书对我来说是一次真正的学习。深入研究压力的过程，让我觉察到了自己的压力循环，也使得我对其好奇心大增，并从他人那里得到很多宝贵的建议。撰写这本书还促使我思考了许多有关压力产生的原因，童年时的经历对人们成年后采取的压力应对机制的重要影响，以及当经历人生重大事件时，我们有多么坚韧与灵活。

以下是本书中我最喜欢的一些减压工具及技巧的汇总。

- **走进大自然**。散步、跑步、闲逛，尽量待在户外。不管是当地的公园、海滩还是附近的一小片绿地，都有助于减轻压力。
- **如果你深陷压力之中，请向外界寻求支持**。不论是与朋友交谈、寻求专业帮助还是依靠亲人，别觉得你应该独自承受压力。
- **做出适合自己的改变**。设定边界，告诉别人你需要什么，你能做什么，你不能做什么。离开有毒的朋友，质疑自己的错误观念，摆脱负面的内心对话，做更多让你开心的事情。

❀ **多笑笑**。看搞笑电影，和能让你捧腹大笑的人相处，用幽默去面对尴尬和难堪的时刻，讲故事让别人发笑。笑是有感染力的。

❀ **运动**。以适合你的方式锻炼，顺应自己的身体而不是与之对抗。不管是跳舞、散步、抖动身体以释放创伤，还是做瑜伽，确保过程中充满对身体的尊重与关爱。别再惩罚你的身体，让它承受比现在更大的压力了。

❀ **保持均衡饮食**。减少咖啡因和糖的摄入量，多吃些天然食品而非加工食品。善待你的身体，选择能让你活力满满而不是疲倦不堪的零食。

❀ **需要休息时就休息**。当你筋疲力尽时，别再逼自己。硬撑可能导致倦怠以及其他严重的身体后果。减少屏幕使用时间，降低干扰是实现深度休息的关键。

❀ **尝试冥想或呼吸练习**。这些练习有助于舒缓神经系统。有很多在线课程可以免费跟练，帮助你度过压力时期。告诉你的身体，自己一切都好，如果身体开始接收到放松信号，你的大脑最终也会跟上的。

❀ **如果发现自己陷入停滞，请尝试一些新东西**。试着培养一种新的爱好，或去完成一个新的任务，这是建立自信与收获快乐的绝妙方法。快乐越多，压力越少。

❀ **注意你观看的内容**。确保你所观看、听到的和读到的内容是积极的、鼓舞人心的，以及放松的。充斥着暴力的电视节目、令人大跌眼镜的新闻报道，还有令人紧张的内容会让你很难保持冷静与从容。

❀ **聆听他人的故事。**这不是为了陷入比较痛苦的陷阱，而是为了让你跳出自己的观点，听听别人是如何挣扎和应对的。

❀ **当情绪出现时，释放它们。**不要压抑快乐、愤怒或悲伤。如果有了情绪，就去笑、去哭、跺脚、捶枕头、喊叫、制造噪声、唱歌、跑步，或任何你觉得能宣泄的方式将其释放出来。一旦我们完全表达了情绪，我们就会感到很轻松。而当我们压抑情绪时，就会感到内心紧张和压力。

❀ **尝试体感活动。**按摩、足底反射疗法和颅骶疗法都能帮助释放紧张情绪。看看附近是否有这些理疗场所。

❀ **请记住，每个人都有自己的难题。**当我们觉得自己被不公平对待时，必须记住，对方也有他们的痛苦、苦难和压力需要应对。正如空乘人员弗兰所说，我们并不知道别人身上发生了什么。

❀ **善待自己。**当我们承受压力时，往往会做出糟糕的选择，导致更多的压力。相信自己。你比任何人都更了解自己。其实你知道该怎么做。对自己温柔一些，像对待最好的朋友那样对自己。放松一些，你真的值得。

我希望这本书里的方法、实践、反思时刻和访谈能在某种程度上对你有所帮助。在一开头，我谨慎地避免做出高调的承诺，因为我和你们一样，还走在减压的学习之路上。我并不总是知道所有的答案，即使有时有，我也会忽略它们，继续迷失在生活这场戏中。从我个人以及在工作中获得的经验来看，通过一些小的技巧的确有助于带来巨大的积极转变。

我也希望我自己的经历，以及与他人的讨论能够在某种程度上帮助大家正确看待压力。在感到压力时，我们常会认为自己有缺陷或无法应对，其实，这只是我们对这个快节奏世界最正常的反应。当压力转变为倦怠或其他身体症状时，我们需要注意身体传递过来的信号。千万不要忽视身体疲惫的迹象。

我希望你可以在书页上涂鸦、写作、随意记录，表达想法和理念，这些都会引导你产生新的思考、建立自我认知，甚至找到全新的解决办法。我希望你感到有力量，看到还有许多积极变化的可能。也许回想一下自己的思考过程，你就会发现自己已经有了答案。

一个没有压力的世界只是种乐观的说法。想要过上无压力的生活？谁也无法保证这能实现。生活并不一定就是整洁、有序和轻松的。纷繁中自有它的美，混乱中也有成长，在困难面前，韧性就会发芽。

我向"Happy Place"社区的用户询问了他们减轻压力的方法，以下是其中的一些回答：

第七章 解决方案

- 凯特（Kate）：写日记。
- 帕迪（Paddy）：呼吸练习。
- 葆拉（Paula）：瑜伽。
- 斯蒂芬（Steph）：独处。
- 卡特（Cat）：睡觉或者哭泣。
- 汉娜（Hannah）：治疗、读书、泡澡和烹饪。
- 艾姆（Em）：认知行为疗法。
- 卡莉（Cally）：裹着毯子抱一抱。
- 路易斯（Louise）：运动。
- 彩虹风暴（Rainbowstorm）：冥想、泡泡浴、散步和听音乐。
- 罗伯（Rob）：在花园里干活。

在撰写本书的过程中，我最大的收获是，我们的目标不应该是完全消除压力，因为这往往无法实现；相反，我们应该学会应对压力。我们可以有意识地训练自己应对压力的方式，而非简单、条件反射地做出反应。自我认知越强，就越有可能做到这一点。我希望你在读完本书后，还能时常再回来翻翻，在上面写写日记，找到安慰。这本书或许能提醒你每周、每月甚至每年年末都感知一下自己的状态。减轻压力需要日复一日的实践。没有魔杖能让我们轻轻一点就获得轻松的生活。每个人都面临着不同程度的挑战，没有例外。我们能控制的是如何应对压力，这也是我们需要经常复习的事。请经常查看你的优先事项饼图，时常翻翻关于设定边界的章节，确保自己的边界，记录下自己休息的频率。这些蕴含在每一天里的小事及思考，会对你和你的压力水平产生巨大影响。记住：关键在小事上。

致谢

如果没有专家和朋友们的慷慨和智慧,这本书是不可能完成的。本书也促使我与自己的亲人、爱人及朋友进行了一场又一场前所未有的对话。非常感谢阿曼达·科顿、弗兰·布莱克本、利兹·麦库伊什、妮可·克伦希尔、爱丽丝·利文、我妈妈林·科顿和我的丈夫杰西·伍德。这些对话是本书最重要的基础素材和架构来源。在此,还要感谢贾德森·布鲁尔博士和欧文·奥凯恩提供的专家意见。这些意见对我来说非常有趣,我将它们融入了我的日常生活,以提升自己应对压力的水平。

我已经写了不少书了,尽管过程愉快,但也伴随着压力:我会担心书写得不够好。截稿日迫在眉睫,我为了确保发挥出最高水平而不断挑战自己。如果没有好的团队,我无法应对这种压力。在此,我要特别感谢Ebury出版社的莉齐·格雷(Lizzy Gray),她在本书写作过程中一直给予我鼓舞人心且冷静的指导。当我准备扔掉早期版本的手稿时,是她鼓励我坚持下来,并提醒我写这本书的初衷。莉齐,祝你在新的工作生活中充满爱与好运,没有压力干扰。

非常感谢YMU集团的阿曼达·哈里斯(Amanda Harris),你是第一个信任我的写作能力的人,并帮助我开启了一条全新的美妙文学之路。我对你的持续信任和鼓励感激不尽。我很敬佩你能在繁忙的工作和家庭生活的压力下,仍能做到游刃有余。我也从我们在一起享受咖啡时的轻松对话中学到了一些压力管理的方法。你真的很了不起。

YMU集团的莎拉·怀特（Sarah White），该从哪里开始说起呢？我应该每天给你发一封邮件，感谢你所做的一切，而不仅仅只在这里向你致谢。你的组织能力、对未来的愿景、倾听我抱怨时的耐心，以及对我所追求目标的支持都是无价之宝。有你在我身边真是太美好了。

YMU集团的马特·佩奇（Matt Page），你简直太棒了。谢谢你帮助我管理工作量，并总是让我开心。在我"压力山大"的时候，你的沉稳冷静让我也平静下来，而你的妙语连珠更是无与伦比。谢谢你，马特。

感谢海克·舒斯勒（Heike Schüssler）设计了本书的封面，它不仅让我瞬间感到平静，还很好地展示了本书的主题。这个美丽的封面相信会给很多人带来快乐。感谢伊万杰琳·斯坦福（Evangeline Stanford）、杰西卡·安德森（Jessica Anderson）、凯特·莱瑟姆（Kate Latham）、莉奥娜·斯基恩（Leona Skene）和海伦娜·卡尔登（Helena Caldon）提供的编辑支持。

雷克斯和哈妮，感谢你们成为我在压力管理方面最伟大的导师。为人父母给了我机会在生活的方方面面磨炼自己的耐心、同情心与自我关怀。每当家里乱成一锅粥，比如不知道鞋子放哪里了，湿校服还没烘干，车后座上的家人又开始拌嘴了，不想吃蔬菜等等的时候，我没办法做到每次都能冷静或明智地应对，但每天我都有很多机会重新尝试。我知道自己做不到全对，但我会尽力而为的。你们是我生命中的光，我会永远亲吻你们美丽的脸庞，闻你们的头发。是的，雷克斯，即便你快进入青春期了，我还是会这样做。

阿瑟和罗拉，谢谢你们成为最酷的继子女。我爱我们这个疯狂、混乱的家庭，看着你们长大成人并遵从自己的内心去生活，这是莫大的喜悦。

杰西，谢谢你在我因为压力抓狂时，仍然选择包容我。像大多数配偶一样，当我疲惫不堪、几近崩溃并大发雷霆之时，你第一个承受了我的情绪。无论任何时候，你总能理解我的无助，还有你始终平静的话语帮助我渡过了很多难关，这些我将永记于心。我知道有些话我没有经常挂在嘴上，所以，谢谢你。

感谢我的妈妈、爸爸还有哥哥杰米，你们的爱始终如一。妈妈，很高兴你能参与到这个项目中，和我一起聊压力的话题。爸爸，我非常感激你总是能够以冷静和轻松的方式应对压力。爱你们！

虽不情愿，但我可能还是要向那些多年来给我带来巨大压力的人表示一下感谢。那些曾激怒我、无视我的边界、在社交媒体上辱骂我、在工作中陷害我的人，谢谢你们。感谢你们帮助我学习和成长，并让我开始想要知道自己是谁，以及如何建构自我。虽然这不是什么愉快的经历，但我知道这是成长必不可少的。

最后，我要感谢读者。谢谢你阅读这本书，这对我来说意义重大。我非常热爱写作。深入探讨重大主题，并自由地写下我想分享的事，这对我来说永远是种新奇的体验，带给我极大的快乐。我真心希望这本书能对你有所帮助。谢谢！